(연구결과 활용을 위한)

원예·특용작물 기술정보(11)

농촌진흥청
국립원예특작과학원

목 차

Ⅰ. 채 소 ··· 1
1. 시설환경관리 ··· 3
2. 배추·무 ·· 17
3. 고추 ·· 20

Ⅱ. 과 수 ··· 23
1. 사과 ·· 25
2. 배 ··· 37
3. 복숭아 ·· 42
4. 포도 ·· 50
5. 감귤 ·· 56
6. 단감 ·· 65

Ⅲ. 화 훼 ··· 71
1. 국화 ·· 73
2. 실내공기 정화 식물 ··· 80

Ⅳ. 특용작물 ··· 87
1. 인삼 ·· 89
2. 오미자 ·· 92
3. 구기자 ·· 94
4. 백수오 ·· 95
6. 천궁 ·· 96
7. 약용작물 ·· 98
8. 버섯 ·· 99

Ⅴ. 주요 원예·특용작물 경영정보 ··················· 109
1. 무 ·· 111
2. 주요 작물 가격동향 ··· 123

《 요 약 》 원예·특용작물 기술정보(제146호)

< 채소 >
○ **시설 환경관리**는 시설 재배지의 토양관리 요령, 토양개량 방법 등, 영농활용 1건
○ **배추·무**는 적기파종, 무 솎음작업, 고랭지 배추 고온기 관리 요령, 영농활용 1건
○ **고추**는 수확 후 건조 요령 등

< 과 수 >
○ **사과**는 햇볕데임 피해 방지, 병해충 관리, 영농활용 6건, 보도자료 1건, 연구동향 1건
○ **배**는 열과, 여름 가뭄 시 토양수분 관리, 엽소·일소 피해방지, 조생종 수확, 영농활용 2건
○ **복숭아**는 과실 수확 후 품질변화 요인, 과실예냉, 태풍 및 집중호우대책, 수지증상, 영농활용 1건
○ **포도**는 신초 늦자람현상, 열과, 흰얼룩병, 햇볕데임, 영농활용 1건, 보도자료 1건
○ **감귤**은 생리생태, 태풍·집중호우·일소과 발생 대비, 후기적과, 병해충방제, 보도자료 1건
○ **단감**은 일소 피해 예방, 토양수분 관리, 병해충 방제

< 화 훼 >
○ **국화**는 재절화재배, CO_2의 시용, 영농활용 1건
○ **실내공기 정화 식물**은 식물의 기능성, 영농활용 1건

< 특용작물 >
○ **인삼**은 개갑(종자후숙)처리, 보도자료 1건
○ **오미자**는 병해충 방제(점무늬병, 푸른곰팡이병, 뽕나무흰깍지벌레)
○ **구기자**는 수확
○ **백수오**는 토양수분관리, 영농활용 1건
○ **천궁**은 생육관리, 병해충방제, 영농활용 1건
○ **약용작물**은 생육관리(황금, 작약, 황기, 지황 등)
○ **버섯**은 보도자료(버섯 품종개발, 모렐버섯) 2건, 여름철 야생버섯 섭취 중독사고 주의

< 주요 원예.특용작물 경영정보 및 연구성과 >
○ **무**는 가을 무·고랭지 무의 수급 전망 및 동향, 수익성 등
○ **주요 작물 가격 동향**은 7월 16일 기준임

I. 채 소

1. 시설환경관리

☐ 시설 재배지의 토양 관리 요령

○ 지력증진
- 지력이란 토양의 생산력을 말하는 것으로서 사용된 비료의 효율이 높고 연작장해, 병해충, 한발 등의 피해가 적은 토양을 지력이 높다고 함
- 토양은 보비력이 증대되어야 비료 성분이 토양에 저장되고, 저장된 영양소를 작물이 필요로 하는 시기에 서서히 공급할 수 있음
  · 따라서 토양의 보비력은 토양이 갖고 있는 중요한 성질의 하나이며 이것은 양이온교환용량(Cation Exchange Capacity: CEC)으로 표시함
- 토양에 질소, 칼륨, 칼슘, 마그네슘과 같은 영양소를 시용하면 토양 입자는 이들 양이온을 흡착하여 보존함
  · 이와 같은 힘은 토양 중의 점토나 유기물이 분해되어 만들어진 부식(Humus)의 힘으로 이루어지며, 점토와 부식은 음이온을 갖고 있으며, 이들 음이온은 전기적 양이온인 비료 성분을 흡착함
  · 그러나 점토와 부식이 갖고 있는 음이온의 수는 무한정 있는 것이 아니고 점토나 부식의 양과 질에 따라 다르나 일반적으로 점토나 유기물 함량을 높여 주면 CEC가 증가 되기 때문에 양질의 퇴구비를 시용해야 함

○ 토양의 3상 비율
- 토양의 3상 구조는 작물에 필요한 공기와 물을 적절하게 공급할 수 있는 기술과 관계가 있음
- 일반적인 밭 토양에서는 고상이 50%, 액상과 기상이 20~30%인 것이 좋음
- 그러나 시설 재배지는 일반 노지와 달라 물과 공기가 더 필요함

- 따라서 액상과 기상의 비율을 증가시켜 고상의 비율을 낮춰 주는 것이 필요함
- 고상의 비율을 낮추기 위해서는 퇴비를 시용하여 용적밀도를 낮추면 됨
- 이때 용적밀도를 1.0 정도 낮추면 물과 공기가 차지하는 비율은 각각 7~8%가 증가함
- 실제로 농사를 잘 짓는 시설재배 농가는 볏짚을 다량 시용하여 용적 밀도를 1.0 부근으로 유지하면서 작물을 재배함

○ 산화환원전위
- 산화환원전위는 토양의 에너지 상태를 측정하는 것이며 토양에서 일어나는 화학반응을 짐작할 수 있는 매우 중요한 지표임
  - 토양의 산화환원 전위로 전자의 농도를 계산할 수 있음
  (표준 상태에서 pe = Eh/59.2, Eh = 측정 Eh + 보정계수(244 또는 용액에 따라 199)), 정상적인 산화환원전위의 범위는 pH + pe의 값이 대략 13을 넘고 이보다 낮을 경우 생육 장애가 발생 되기 시작함

○ 토양의 양분 함량
- 대부분 시설 재배지 적정 EC 값은 2.0dS/m 이하이나, 퇴비 등을 시용하여 유기물 함량을 높이면 토양의 완충력이 증가하여 EC 값이 높아도 염류집적에 따른 작물 피해가 크지 않음
- 현재 시설 재배지의 EC 적정 기준은 작물 재배를 위한 기준이며, 토양 유기물 함량에 따른 완충력을 고려한 토양 EC 관리 기준은 아래 표와 같음

<시설재배지 토양유기물 함량별 토양 EC 관리 기준>

EC(ds/m)	
OM<25g/kg	OM>25g/kg
2.0 이하	2+0.3×(OM-25)

- 또한 시설 재배지는 인산의 축적이 두드러짐
  · 인산의 축적은 노지에서는 큰 피해가 없으나 시설 재배지에서는 많은 문제를 일으킴
  · 먼저 토양 중 고토가 침전되고, 다음으로는 토양유기물과 결합하여 다른 미량원소의 공급을 방해함
  · 대표적으로 인산 과다 시 작물의 신초 부위에 철 결핍 현상이 발생 됨
○ 토양의 염기 비율
  - 시설 재배지에서는 양분 과다 투여에 의한 특정 성분의 과잉보다는 이에 따라 생기는 양분 상호 간의 불균형에서 오는 문제가 많이 발생 됨
  - 암모니아 과잉으로 칼슘결핍이 발생 되는 것도 이에 속함
  · 양분 상호 간에는 흡수를 조장하는 작용과 억제하는 경우가 있으므로 이와 같은 특성을 고려한 비료 사용 관리가 이루어져야 함
  · 특히 교환성 칼륨, 칼슘, 마그네슘은 서로 간에 길항적으로 작용하여 흡수를 저해하므로 이들 비율을 이상적으로 유지 시킬 필요가 있음
  · 이들 성분의 이상적인 당량 비율은 칼슘:마그네슘:칼륨=5:2:1임
  · 또한 고품질의 농산물을 생산하기 위해서는 미량원소를 포함한 양분의 균형 있는 비료 사용이 무엇보다도 중요함
  · 토양 관리상 문제가 되는 미량원소로서는 망간, 철, 구리, 아연, 붕소 등이 있음
  · 이들 원소는 보통재배에서는 토양 중에 함유된 함량만으로도 작물 생육에 지장이 없으나 시설 재배지와 같이 염류가 집적된 특수한 토양조건에서는 문제가 되기도 함
  · 인산과 칼슘이 과다한 곳에서는 철이 인산과 칼슘의 염으로 고정되어 불용화되어 결핍 현상이 발생 됨

○ 미량원소의 공급
 - 미량원소는 토양유기물과 킬레이트 결합을 통하여 공급됨
  · 따라서 부숙이 잘된 퇴비를 사용하는 것이 좋으며 부득이한 경우에 영양제로 공급해야 함

□ **시설 재배지의 토양 개량 방법**
 ○ 토양의 염류집적 진단
  - 작물관찰에 의한 진단
   · 염류농도가 증가하면 그에 따라 작물의 생장 속도가 둔화하고 그 후 계속 염류농도가 증가하여 작물이 견딜 수 있는 한계농도 이상에 처하면 심한 생육 억제 현상과 함께 장애 현상이 시각적으로 나타남
   · 이처럼 농도 장애가 발생한 작물은 여러 가지의 특징적인 현상이 발생 되지만 장애 증상이 발현되지 않아도 농도 장해를 받으면 기본적으로 수량은 20% 정도 감수됨
  - 토양에 염류가 과잉으로 집적되었을 때 작물에 나타나는 일반적인 증상은 다음과 같음
   ① 잎에 생기가 없고 심하면 낮에는 시들고 저녁부터 다시 생기를 찾는데 이것은 토양 염류농도가 높아 작물 뿌리가 수분을 원활히 흡수하지 못해 낮 동안 증산작용으로 인한 수분부족 때문임
   ② 잎의 색이 진녹색이며, 잎의 가장자리가 안으로 말림
   ③ 과채류에서는 과실이 잘 크지 못하고, 토마토의 경우 과실 착색이 나쁘고, 적색과 녹색의 구분이 뚜렷함
   ④ 장애는 뿌리에 먼저 오며, 건전한 뿌리는 하얗지만, 장애를 받고 있는 뿌리는 뿌리털이 거의 없고, 길이가 짧으며, 갈색으로 변함
   ⑤ 시설재배에서는 위와 같은 증상이 균일하게 나타나지 않고 불규칙적으로 나타나는 것이 특징임

<염류집적에 따른 생육장애>

- 토양 관찰에 의한 진단
  - 염류가 집적되면 관수를 해도 물이 토양에 침투하지 못하고 토양 표면에서 입상으로 되거나 옆으로 흐르는 경우가 많음
  - 이와 같은 현상은 연작되는 시설 재배지에서 흔히 볼 수 있고, 이 정도가 되면 염류가 많이 집적된 상태임
  - 또한 염류가 접적된 토양은 작물을 재배하지 않고 방치해 두면 주로 질산칼륨 또는 질산칼슘의 염이 표토에 하얗게 나타나거나 푸른곰팡이 또는 붉은 곰팡이가 발생함
  - 붉은곰팡이는 염류농도가 상당히 높은 경우 발생함

<표토에 집적된 염류>

- 토양검정에 의한 진단
  - 토양 중에는 많은 종류의 염이 있는데 이들 염을 종류별로 일일이 측정하기가 어렵기 때문에 전기전도도(EC)를 측정하여 염류집적 여부를 판단함
  - 딸기는 내염성이 약하여 적정 EC 기준이 1.2dS/m 이하이지만, 작물 대부분은 2.0dS/m 이하임

- 염류농도와 관련이 큰 토양 중 질산태 질소의 적정 기준은 작물에 따라 다르지만 보통 50~200mg/kg 범위가 알맞음
○ 염류 집적지의 대책기술
- 내염성 작물재배
- 염류농도에 대한 작물의 저항성은 작물의 종류에 따라 다름
- 염류농도가 높은 동일 재배지에 딸기, 오이, 토마토, 가지 등을 재배하면 제일 먼저 딸기에 염류장애가 나타나고, 다음에 오이, 토마토 순으로 증상이 나타남
- 가지는 비교적 염류농도에 강한 편이며, 토양의 염류농도와 작물별 수량의 감수 정도는 아래 표와 같음

<작물생육과 토양의 전기전도도>

(단위: dS/m)

작물	수량감수 정도			
	0%	10%	25%	50%
딸기	1.0	1.3	1.8	2.5
당근	1.0	1.7	2.8	4.6
무	1.2	2.0	3.1	5.0
상추	1.3	2.1	3.2	5.2
고추	1.5	2.2	3.3	5.1
감자	1.7	2.5	3.8	5.9
고구마	1.5	2.4	3.8	6.0
배추	1.8	2.8	4.4	7.0
오이	2.5	3.3	4.4	6.3
토마토	2.5	3.5	5.0	7.6
시금치	2.0	3.3	5.3	8.6

- 수량이 50%로 감수되는 토양의 염류농도는 딸기는 2.5dS/m, 시금치 8.6dS/m로 시금치는 딸기보다 3.4배나 염류농도에 대한 저항성이 강함
- 딸기는 연작지와 같이 염류농도가 높은 곳에서는 정상 생육이 어려우므로 사전에 염류를 제거하고 재배하는 것이 안전함

- 비료 종류의 선택
- 시설 재배지에 비료를 사용할 때는 여러 가지 고려할 사항이 있으며, 이 중에서도 염류 집적지에서는 비료 종류의 선택이 중요함
- 배수가 불량하거나 경반층이 형성되어 환원이 심한 곳에 황산암모늄(유안)이나 황산칼륨과 같은 황산근 비료를 시용하면 황산이 환원되어 황화수소 (H_2S)라는 유독한 물질로 변해 작물의 뿌리가 상함
- 따라서 요소, 염화칼륨 등과 같이 황산근이 없는 비료를 사용하는 것이 좋음
- 시설 재배지에서 염화칼륨은 황산칼륨보다 토양 염류농도를 높이는 성질이 있으므로 염류농도가 높은 곳에서는 황산칼륨을 사용하는 것이 오히려 유리함
- 황산칼륨은 토양용액에 녹아 칼륨과 황산으로 갈라져서 칼륨은 토양입자에 흡착되고, 부성분인 황산은 토양 중의 석회나 탄산석회와 반응하여 물에 녹기 어려운 황산석회(석고)로 되기 때문에 비료 사용량이 증가해도 염류농도의 증가량은 적음
- 염화칼륨의 경우 칼륨이 토양입자에 흡착되는 것은 황산칼륨과 같지만, 염소는 토양 중의 석회나 탄산석회와 결합하여 염화칼슘으로 되고, 염화칼슘은 물에 잘 녹기 때문에 토양의 염류농도를 높이기도 함
- 또 염화칼륨은 황산칼륨보다 물에 대한 용해도가 높아 염류농도가 증가하기 쉬움

○ 제염기술
- 관수 및 담수에 의한 제염
- 제염의 기본은 염류를 물과 함께 시설 밖으로 흘려보내는 것을 말함

- 보통의 담수 방법으로 제염시키면 토양이 건조해지면서 염류가 다시 상승하여 표토에 집적됨
- 따라서 시설 토양 아래에 배수구를 만들어 염을 제거하지 않는 한 절대적인 제거 방법은 아니며, 작토 밑 일정한 깊이에 배수관을 묻고 많은 물을 관수하여 세척수가 그 관을 통해 배수되도록 하면, 배수관을 묻지 않은 경우보다 훨씬 많은 염류가 씻겨나가 집적을 막을 수 있음
- 이때 관수량은 1회에 100mm 내외로 2회 이상 반복해야 하며, 이 방법은 제염 효과가 크지만 칼슘과 마그네슘 등의 염기도 함께 유실됨
- 따라서 제염을 한 후 다음 반드시 이들 성분을 보충해 주어야 함
- 또한 양분의 보유력이 낮은 모래땅은 염류가 적게 집적되어도 바로 염류장애가 발생 되고, 담수하면 비교적 빨리 제염 되지만 점토 함량이 많은 식질토양은 사질토양보다 염류집적 속도와 담수 시 제염 효과도 느리므로 이를 고려하여 관리하는 것이 필요함

- 흡비작물에 의한 제염
- 하우스의 휴작 기간을 이용하여 단기간에 흡비력이 큰 작물을 재배하는 방법이 효과적임
- 시설 재배지에서 토마토를 재배한 후 휴작 기간인 7월 초~8월 말까지 2개월간 옥수수를 재배하여도 토양의 염류제거 효과가 좋은 것으로 나타남
- 염류제거 효과를 보면 옥수수 생초 1톤당 질소 3kg, 인산 0.5kg, 칼리 4kg, 칼슘 2kg, 마그네슘 1kg이 제거된 것으로 조사되었음
- 만일 10a당 7톤의 생초가 얻어진다면 하우스 밖으로 반출되는 양은 질소 21kg, 칼리 28kg으로 상당한 양에 달함
- 이와 같이 휴작기를 이용해 흡비력이 큰 옥수수나 벼를 재배하면 염류제거 효과도 있지만, 부수적으로 양분의 균형을 맞추는 데도 도움을 줌

- 미분해성 유기물 사용에 의한 제염
· 토양에 유기물을 시용하고 적당한 온도와 수분이 있으면 토양 속 미생물은 바로 활동하기 시작하여 유기물을 분해함
· 이때 유기물 성분 조성은 미생물체에서 합성된 것과 에너지로 소비되는 것을 합하면 질소 1에 대한 탄소는 25가 적당함
· 만일 C/N율이 이보다 높아 탄소가 많을 때는 부족한 질소를 토양에서 취하기 때문에 토양 속 질소 농도가 저하됨
· 따라서 염류가 집적된 시설 재배지에는 볏짚과 같은 부숙되지 않은 유기물이 효과적이며, 이는 제염을 비롯하여 토양구조 개선에도 도움이 됨
· 또한 탄소를 많이 함유하는 볏짚, 팽화왕겨, 파쇄왕겨, 톱밥 등의 유기물을 넣어 주면 미생물이 활발히 증식되어 염류를 높이는 영양소를 먹음으로써 염류농도가 낮아지고, 미생물에 흡수된 영양소는 완효성 비료 역할을 하게 됨

<볏짚시용과 염류농도>

처리	염류농도(dS/m)		NH_4-N(mg/kg)		NO_3-N(mg/kg)	
	정식 후 15일	30	15	30	15	30
무비	4.9	1.3	1.8	0.5	51	34
NPK	24.5	12.2	41	23.9	1,454	670
NPK+퇴비	19.8	10.0	118	173	1,353	1,116
NPK+볏짚	10.9	8.1	39	23	428	427

- 환토, 심토 반전, 객토 등에 의한 제염
· 토양의 염류는 표층에 많이 집적되어 있고 아래층에는 적게 집적되어 있어 표층의 흙을 새 흙으로 바꾸거나 아래층의 흙을 위로 올리는 심토 반전, 새 흙을 표토의 흙과 혼합하는 객토 등의 방법이 있음

- 염류가 집적된 시설하우스에서 0~60cm의 표토와 심토를 섞어 준 결과 표토 중 염류농도(EC)와 질산태 질소(NO_3-N)의 농도가 크게 낮아졌으며, 관수에 의한 제염 방법보다 효과적이었음
- 또한 객토 등의 방법으로 새 흙이 혼입될 때는 작토의 비옥도가 낮아지므로 부족한 성분은 보충해 주어야 함

○ 토양물리화학성 개량
- 토층 개량
- 시설 재배지는 작토층에 단단한 경반층이 형성되어 있는 토양이 많고, 노지는 공기의 흐름이 좋아 산화환원 작용은 큰 의미를 갖지 않지만, 시설 재배지는 물의 수직이동이 어려워 과습 하기 쉬운 상태가 되기 쉬움
- 이로 인해 산화환원 전위가 낮아지면 뿌리는 심한 장애를 받게 됨
- 이러한 산화환원 작용이 일어나는 과정은 먼저 유기물이 분해되어 이산화탄소와 수소이온 그리고 전자로 분해되고, 이때 생긴 이산화탄소는 공기 중으로 확산되고 수소이온과 전자는 산소를 만나 물로 바뀌는 반응이 일어남
- 그런데 산소가 유입되지 않으면 수소와 전자가 토양의 원소와 반응하여 환원이 됨
- 토양이 환원되면 작물에 따라 정도의 차이는 있지만 망간과 철분의 용해도가 증가하고 질산태 질소는 탈질 되며, 동시에 미량원소의 불균형을 초래하여 작물은 생육 장해를 입게 됨
- 시설재배 작물이 수직 배수가 안 되는 곳에서 습해를 받는 근본적인 이유는 바로 환원 때문임
- 이러한 산화환원전위는 백금전극 2개를 약 1m 이내의 거리로 10cm 깊이에 30분 정도 꽂아 둔 후 Eh meter를 이용하여 측정함
- 산화환원 전위는 에너지 상태를 알 수 있는 지표이므로 매우 중요함

- 하지만 토양의 측정 부위와 토양조건에 따라 항상 바뀌고 측정 시간도 김
- 일반적으로 시설 토양은 300mV 이상이 적당하고 220mV에서는 질산태질소가 환원됨
- 또 200mV 이하가 되면 망간, 철, 황 등이 환원되어 장애가 발생 됨
- 따라서 이러한 토양은 깊이갈이나 심토파쇄 등으로 통기성을 개선해 주어야 함

<경반층 형성에 따른 생육장해>

- 토양산도(pH)의 조정
  - 시설재배에서 지온이 낮아지면 미생물의 활동이 둔화 되어 질소는 작물이 이용할 수 있는 형태로 전이 되지 않아 가스장해가 발생 됨
  - 퇴비 중 질소 성분은 암모니아태, 아질산, 질산태 질소로 변화됨
  - 특히 가스 피해는 토양산도(pH)와 밀접한 관계가 있어 pH 5.5 이하에서는 질산으로 전환이 어려워 아질산가스의 피해를 받기 쉽고 pH가 7.5 이상에서는 암모니아가스의 피해를 받기 쉬움
  - 황산암모늄[유안, $(NH_4)_2SO_4$]과 염화암모늄(염안, NH_4Cl) 사용에 의한 암모니아의 질산 형성은 염화암모늄이 늦는 편인데, 이는 염화암모늄이 황산암모늄보다 염류농도를 높여 미생물의 활동을 억제시키기 때문임
  - 또한 질산화성균은 지온에도 영향을 받기 때문에 지온이 10℃ 이하에서는 활동이 억제되어 질산으로 전환되지 못해 상기와 같은 가스장해를 발생시키기도 함

- 한편 토양 pH가 적정 수준보다 높은 경우에는 질산을 1,000~10,000 배로 희석해서 관주하면 작물재배 중에도 토양산도를 적정 수준으로 조정할 수 있음

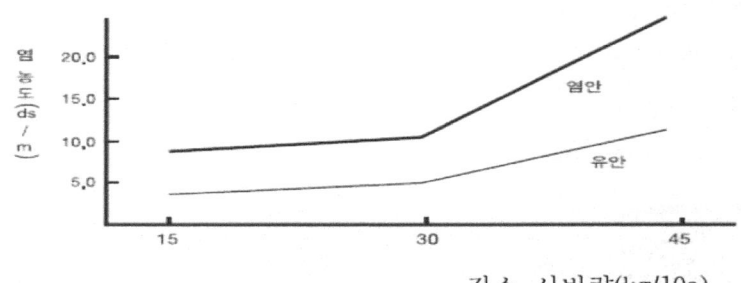

<유안과 염안 비료 시용량별 전기전도도 변화>

- 축적양분의 재활용 기술
- 시설재배지 토양은 질소, 인산, 칼륨 등 다량원소가 많아 EC가 높은 토양이 많음
- 이러한 토양은 킬레이트제(EDTA 또는 DTPA)를 끓는 물에 녹여 관개 시 물에 0.01%(0.06mM) 희석하여 정식 30일 이후에 작물을 재배하는 기간에 관주 하는데 호박은 7일 간격으로 1회씩, 고추는 14일 간격으로 1회씩 하면 효과적임
- 킬레이트를 처리할 때 뿌리 부근에 닿지 않게 되도록 관주 라인을 설치하고, 과잉으로 투입하면 생육 장애가 발생하므로 반드시 적정 농도를 사용해야 함

<킬레이트 처리 후 고추의 생육량>

처리	줄기	잎	뿌리
		g/주	
무처리	232	160	28
표준비료 사용	334	238	33
DTPA 0.06mM	394	292	36
DTPA 0.13mM	278	230	27
DTPA 0.19mM	0	0	0
DTPA 0.06+1/2 NPK	345	233	30

□ 시설 멜론 염류 집적지의 염류 개선 통합기술(킬레이트제+미생물) 활용

(영농활용: 2021. 국립농업과학원)

○ 배경
- 기존 농진청에서 개발된 염류개선 단일기술들(킬레이트제, 바이오차, 미생물)을 통합하여 토양 염류 저감 및 작물 수량 증대의 효율성을 높이기 위한 기술이 필요함

○ 개발된 영농기술정보
- 염류집적(3dS/m 이상)된 시설 멜론 재배지의 염류개선 통합기술 활용
 · 개발기술: 작물 정식 후부터 수확기까지 ①킬레이트제와 비료(관행 비료량의 1/2)를 각각 1주일에 1회씩 토양에 넣고, ②미생물제는 관수할 때마다 토양에 공급함

① 킬레이트제 희석액: 5L의 찬물에 10a(300평)당 240g의 수산화칼륨을 먼저 녹이고, 킬레이트제(DTPA) 680g을 녹인 후 5톤에 희석하여 관주함
  * 킬레이트제는 1주일에 1회씩 관주하는 것이 원칙, 만약 물을 3회 공급한다면 680g을 3회로 나누어 관주해도 됨
② 미생물제: 미생물제(메소나)를 10a당 1L를 500배 희석하여 관주함
  * 미생물제는 토양에 관수할 때마다 공급해 줌
③ 5톤의 관수통에 물을 채우고, ①킬레이트제 희석액, ②미생물제 1L 비료(관행 비료의 2/1양)을 혼합한 후 관주함

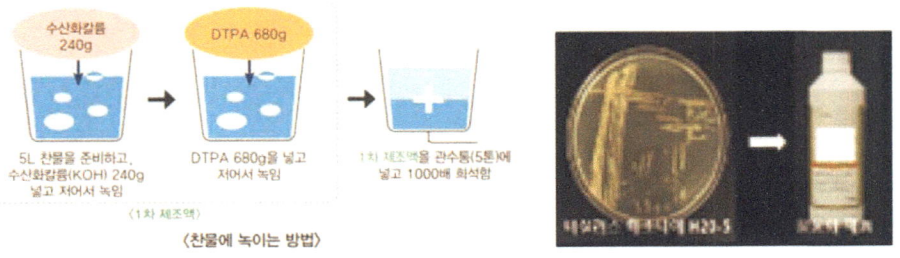

<킬레이트제+미생물제 투입>

- 수량성, 염류경감
  - 작물 수량: 관행 대비 42% 향상
  - 토양염류: 관행 대비 7.3% 감소
○ 파급효과
- 시설염류지의 염류농도 감소로 건전한 농경지 관리
- 공익직불제 시행에 따른 농가의 토양비료 사용량 절감에 기여
- 시설염류지에서 휴작 없이 안정적인 작물 생산으로 소득향상 기대

2. 무·배추

📋 배추 적기 파종
- 재배지역 작형을 고려하여 적기에 파종하도록 함
- 일반적으로 8월 중순에 파종, 10월 하순~11월 중순에 김장용으로 수확함
  - 아주심기 20~30일 전(중부 8월 중순, 남부 8월 하순)에 파종
  - 가을재배 아주심기는 본엽 3~4매 전개하였을 때가 적당
- 재배 적기보다 빨리 또는 늦게 파종하는 경우 추대, 병해충 발생 등이 심해져 문제가 됨

<배추 작형별 파종기와 수확기>

구분	작형	파종기	수확기	주 재배 지역
배추	가을 재배	8월 중	10월 하~11월 중	전국
	늦가을 재배	8월 하~9월 상	11월 상~12월 상	남부해안
	월동재배	8월 하~9월 중	1월 상~2월 하	남부해안, 제주도

📋 무 파종 및 솎음 작업
- 무 재배 및 관리를 양호하게 하기 위해서는 점파하는 것이 흩어뿌리기보다 좋으며 결주가 없도록 한곳에 3~5립씩 파종함
  - 가을무는 10a당 6,000~7,000주(3~4알씩 뿌려 솎음)
  - 월동무는 10a당 8,000~9,000주(4~5알씩 뿌려 솎음)
- 솎음 작업은 본엽이 1~2매 전개될 때부터 실시하여 본엽 6~7매일 때 끝마쳐야 함
  - 노동력의 유무에 따라 작업은 2~3회 실시할 수 있으며 생육이 극히 왕성하거나 불량한 것, 엽색이 특별히 다른 것, 병해충 피해를 받은 것을 솎아냄

<무 작형별 파종기와 수확기>

구분	작형	파종기	수확기	주 재배 지역
무	가을 재배	7월 중~8월 상	9월 상~10월	북부
		7월 하~8월 중	9월 하~11월 상	중부
		8월 상~9월 상	11월~12월	남부
	월동재배	9월	12월~3월	제주도

■ 고랭지 배추 고온기 관리 요령

○ 30℃ 이상의 고온과 가뭄이 2주일 이상 지속되면 생체중이 현저하게 떨어지며, 결구불량, 석회결핍증, 무름병 등 발생

○ 시설재배는 천창과 측창을 최대한 개방하고 차광(온도 상승 억제)

○ 토양수분 부족 시 구 비대 불량과 조직이 치밀해지고 딱딱해짐

 - 결구기 염화칼슘 0.3% 액을 5일 간격으로 3회 엽면살포, 영양제 및 요소 0.2% 액을 살포하여 생육 촉진

 - 관수시설인 점적, 스프링클러 활용 지속적인 관수

○ 수확 후 고온 및 과습에 의해 구의 부패가 생길 수 있으므로 수확 직후 품질 및 선도유지에 유의(수확 직후 3~12℃에서 6시간 예냉처리)

○ 뿌리혹병, 무름병, 씨스트선충, 진딧물 등 방제 철저

<무름병>　　　　　　<칼슘결핍>　　　　　　<뿌리혹병>

☐ 미세살수를 활용한 여름배추 지상부 고온 스트레스 경감

(영농활용: 2024. 국립원예특작과학원)

○ 배경
  - 여름배추 수급 불안으로 사회경제적 비용이 지속적으로 발생
    · 기후변화·이상기상에 의한 여름배추 공급 불안으로 식탁 물가 상승
    · 이상기상에 의한 수급 불안으로 가격폭등 발생빈도가 늘어나고 있음
  - 여름철 고온에도 배추의 안정적인 생산할 수 있는 해결 방안 필요
    · 호냉성 채소인 배추는 고온에 취약하기에 온도상승을 억제·조절하여 생산성을 유지할 수 있는 대응 기술 개발 필요

○ 개발된 영농기술정보
  - 미세살수 활용 여름배추 지상부 고온 스트레스 경감
    · 미세살수의 기화열을 활용해 여름배추 지상부 온도 경감효과를 분석
    · 관행 장비와 달리 주간에 관수하여도 열해나 일소해를 받지 않았음
    · 20분 관수/10분 단수 처리가 상시 관수와 5분 관수/25분 단수가 10분 관수/20분 단수, 15분 관수/15분 단수 처리와 유사한 고온 경감 효과를 보임
    ☞ 수자원이 풍부할 경우 20분 관수/10분 단수, 부족할 경우 5분 관수/25분 단수
    · 지상부 온도가 30℃ 이상이 되면 미세살수로 고온 스트레스 경감 필요

 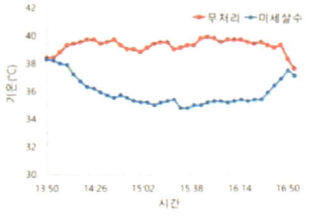 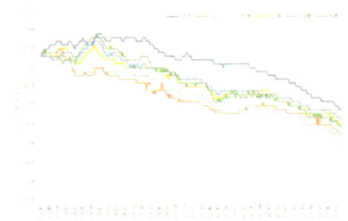

<미세살수 안정성 평가>   <미세살수에 따른 온도차이> <살수시간에 따른 온도변화>

○ 파급효과
  - 지상부 온도조절을 통한 여름배추 고온 스트레스 경감
  - 미세살수 가동시간 조절을 통한 효율적인 고온 경감 및 수자원 절약

3. 고추

□ 수확 후 건조 요령

○ 건고추는 개화 후 45~50일 지난 홍고추를 수확하여 1~2일 정도 음지에 펴 널어 예건하는 것이 색택 향상에 좋음

○ 건조 방법에는 천일건조, 비닐하우스 이용 건조, 열풍건조 등이 있으나, 천일건조나 비닐하우스 이용 건조는 건조 시간이 많이 소요되고 건조 기간에 부패할 위험이 크므로 가급적 건조사를 만들어 화력건조를 하는 것이 좋음

○ 고추를 잘못 건조하게 되면 외관상 고유의 색깔이나 형태를 잃게 되고 건고추로서의 매운맛이 떨어져 상품 가치를 잃게 되므로 건조 과정에 특히 주의해야 함

- 천일건조
  · 농촌에서 가마니나 멍석 또는 지붕 위에 널어서 직접 햇볕에 건조하는 것으로, 건조 기간 중 수시로 잔손질을 하는 불편한 작업 공정이 뒤따라야 함
  · 따라서 손쉽게 건조를 잘하기 위해서는 지상부로부터 40~50cm 높이로 말뚝을 두 줄로 박고(넓이 0.8~1m, 간격 1~1.5m) 지름 3cm 정도의 막대기로 대를 만들어 그 위에 발을 쳐서 고추를 널면 통풍이 잘되고 지면에서 증발하는 수증기의 피해 없이 건조 시간을 단축 할 수 있어 양질의 건고추를 생산할 수 있음

- 하우스 건조
  · 하우스 내 건조에 있어서 주의할 점은 온도가 높고 과습하기 쉬우므로 환기 문을 열어주어 온도를 35~40℃로 유지하고 과습하지 않도록 해야 함
  · 하우스 건조 시 긴 건조기간에 곰팡이 발생이 증가할 수 있으므로 고추를 자주 뒤집어 주면서 되도록 얇게 펴서 최대한 빨리 건조

- 또 지면에서 올라오는 수분 발산을 막도록 지면을 비닐로 덮으면 더욱 효과적으로 건조시간을 단축할 수 있음
- 건조장 출입 시 흙 등이 내부로 들어오지 않도록 위생적으로 관리하고 결로가 생기지 않도록 하며 필요시 제습하여 내부 환경을 청결하고 건조하게 유지함

- 열풍건조
- 건조기에 열풍을 가하여 단시간 내에 많은 양의 고추를 건조시킬 수 있으며 썩은 것과 퇴색(희나리)도 천일 건조에 비하여 적음
- 건조 요령은 원형 고추를 건조기의 선반에 넣고 흡입구를 막아 초기 온도를 65℃에서 5~6시간 건조함
- 그 후 습도 조절기를 완전히 열어 단시간 내 건조기 내의 습기를 제거하고, 다시 버너를 켜서 온도를 60℃로 조절하여 7~8시간 건조한 후 온도를 55℃ 정도로 내려 15~17시간 건조하여 (건조기 1평에 생고추 600kg 건조 기준) 건조가 80% 정도 진행되면 건조실에서 고추를 꺼내 2일 정도 햇볕에 말려 종자 부위까지 완전히 건조되었는지 확인한 후 저장하도록 함
- 열풍건조 방법은 온도조절이나 건조시간을 잘 지키지 않으면 매운 맛도 떨어지고 고유의 붉은색이 되지 않으며 검은색을 띠게 되어 상품 가치를 떨어뜨리므로 주의하여야 함
- 특히 건조 온도를 60℃ 이상에서 계속 건조하면 건조 시간은 빠르나 고추의 고유색소인 캡산틴이 파괴되어 검은색을 띠게 되므로 유의하여야 함
- 한편 고추를 반으로 잘라 60℃에서 건조하면 원형으로 건조하는 것보다 건조시간이 1/2로 단축됨
- 또한 고추의 붉은 색소인 캡산틴 함량이 천일건조보다 오히려 높으므로 고춧가루 사용을 목적으로 건조하려면 반으로 잘라 60℃ 열풍에서 건조하는 것이 좋음

| 천일건조 | 하우스 건조 | 열풍건조 |

<건조 방법>

<고추의 건조 형태와 건조 방법에 따른 효과>

온도(℃)	색소 함량(mg/g 건물중)	
	원형건조	절단건조
55	15.0	24.5
60	17.8	22.6
65	9.7	13.7
70	10.5	13.1
75	6.3	8.8
천일건조	17.9	18.4

<건조 온도에 따른 고추색소 (캡산틴) 함량 변화>

건조방법		건조시간	건조 제품수율 (%)	분말 제품수율 (%)	수분함량 (%)
천일건조	원형건조	10일	20.26	14.20	13.01
	절단건조	7일	19.95	13.89	12.43
열풍건조	원형건조	17시간 30분	20.30	14.20	10.97
	절단건조	9시간	19.94	13.85	10.15

Ⅱ. 과 수

1. 사 과

☐ 햇볕데임(일소) 피해방지

○ 일소는 높은 과실 온도와 강한 광선의 상호작용으로 발생하며, 7~8월 대기 온도가 32℃ 이상일 때 많이 발생함
  - 나무의 남, 서쪽에서 많이 발생하고, 기상이 여러 날 동안 구름이 끼거나 서늘하다가 갑자기 햇빛이 나고 온도가 올라갈 때 많이 발생함
  - 초기 증상은 태양 광선이 직접 닿은 면이 흰색 또는 연한 노란색으로 변하고, 증상이 진행되면 직사광선을 받은 쪽의 과피가 갈색으로 변함
  - 피해가 심한 경우 피해부가 탄저병 등에 의한 2차 전염으로 과실이 부패함
○ 일소를 방지하려면 과실이 강한 직사광에 오랫동안 노출되지 않게 가지를 잘 배치될 수 있도록 유인함
  - 정지 전정을 적절히 하고, 생육기에 불필요한 웃자람 가지를 제거하여 햇빛이 수관 전체에 골고루 들어갈 수 있게 함
  - 잎이나 과실이 충실하게 하며 물 관리를 적절히 하여 토양이 과습, 건조되지 않도록 하는 것이 중요함
  - 일소과 발생은 수관 아래를 청경으로 하는 과수원에서 많이 발생하는데, 일소 피해가 심한 과수원에서는 8월 이후는 수관 아래를 청경으로 유지하는 것보다 잡초를 완전히 제거하지 않고 깎아 관리하면 일소피해를 줄일 수 있음
  - 미세살수 장치가 갖춰진 사과원은 대기 온도가 31±1℃일 때 물을 뿌리는데, 자동조절 장치로 5분간 뿌리고, 1분간 멈추도록 설정하여 잎과 과실 온도 상승을 막아주면 일소 발생이 감소함
  - 수관 위 가림막을 설치하면 일소피해를 효과적으로 방지할 수 있음
  - 초기설치비가 많이 드는 것이 단점이지만 매년 일소피해를 보는 농가에서는 간이 가림막을 설치하여도 효과가 좋음

○ 고온기 사과 과수원 생리장해 경감연구 결과

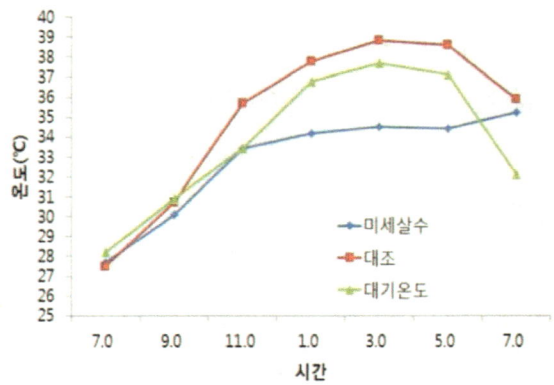

<미세살수에 따른 하루 중 과실(홍로) 표면의 온도변화(2018)>

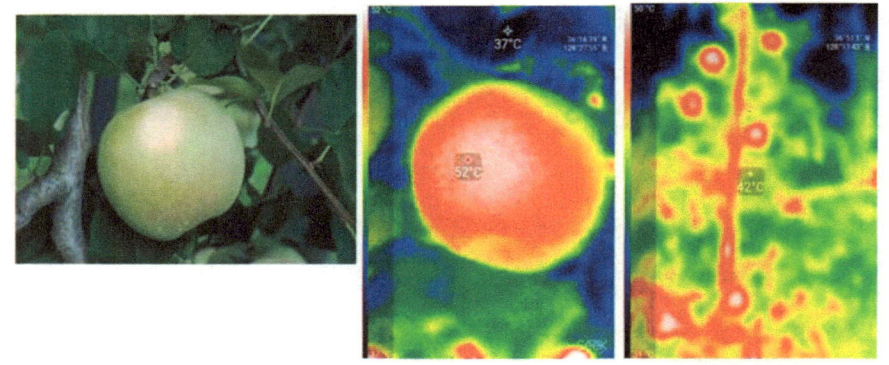

<일소(햇빛데임) 피해 초기 증상, 과실 및 수관 온도분포(2018)>

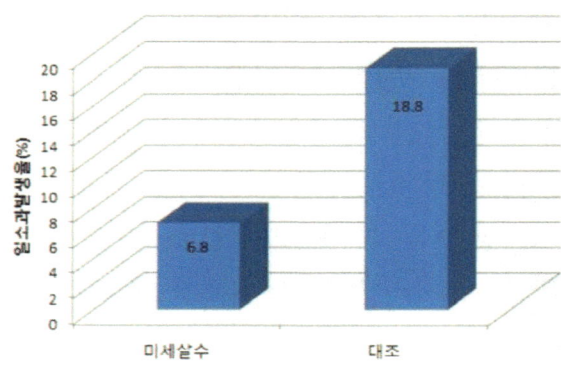

<폭염기 미세살수 설치에 의한 일소과(햇빛데임 과일) 발생률(2018)>

☐ 사과 일소(햇볕데임) 경감을 위한 연구 동향

(연구동향: 2025.4. 월간리포트173호. 국립원예특작과학원)

○ 연구기관
 - 미국, Washington State University
 - 이란, Arak University
 - 국립원예특작과학원 등
○ 연구내용
 - 기후변화에 따른 여름철 고온과 평면형 수형 재배 증가로 과실의 일소 피해가 증대되고 있으며, 경감 기술을 활용하여 일소 피해를 줄이고 과실 품질을 향상시키는 연구가 활발하게 이루어지고 있음
 - 일소 발생과 착색 불량은 과실 품질을 떨어뜨리는 주요한 요인이며, 여름철 고온이 붉은 과피색 사과의 착색과 일소 발생에 영향을 줌
 - 일소 피해 경감을 위해 차광망, 미세살수, 카올린살포, 입자 필름 분무, 화학보호제 살포, 봉지씌우기 등 다양한 기술을 적용하고 과실 표면에 도달하는 태양 복사열을 줄이거나 완화하려고 노력하고 있음
 - 왁스나 화학보호제 살포는 자외선을 차단하고 일소과 발생을 50% 이상으로 줄이는 것으로 보고되었으며, 카올린 제재는 일소경감 뿐만 아니라 해충을 막아주는 기능도 함
 - 차광망은 다양한 색상, 차광 효율, 설치 시스템에 따라 다양하게 이용 가능하며 상업적으로는 흰색 차광막, 20% 차광 효율, 천장형 설치가 가장 효율적인 것으로 확인되었으며, 과실 표면 온도를 약 5~10℃ 정도 낮춰주며 우박피해 경감 등 다목적으로 활용이 가능함
 - 5월 중순에 '시나노골드' 품종에 염화칼슘 및 붕소의 엽면시비를 통해 일소과 발생이 크게 감소하였으며, 과실 품질도 향상되었음

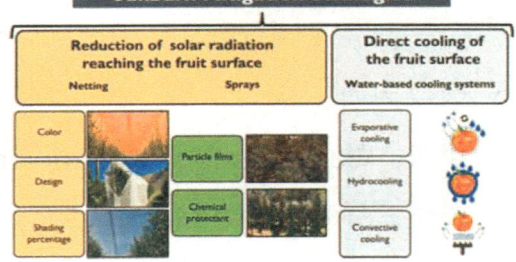

〈일소 등급 분류〉　　　　〈일소 피해 경감 전략〉

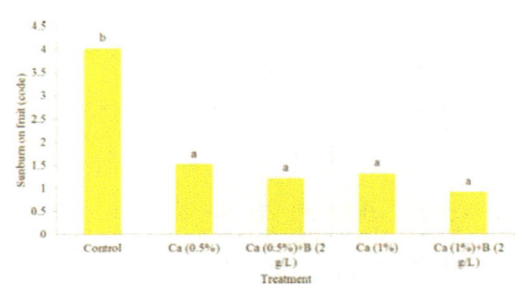

〈증발 냉각처리 시 과실 표면 온도〉　　〈칼슘 및 붕소 처리에 따른 '골든딜리셔스'의 일소 발생률〉

○ 국내 기술 수준과 전망
 - 국내에서는 국립원예특작과학원, 경북대학교 등에서 과실 덮개, 미세살수, 차광망 등 다양한 경감기술을 활용하여 일소 경감기술에 관하여 연구를 진행하고 있음
 - 폭염에 따른 다양한 일소 피해 분석과 대책에 관하여 연구하였으며, 친환경제제를 활용한 일소경감 기술에 관한 연구를 수행 중

□ 사과·복숭아 엽온 예측 모델 적용 작물 수분스트레스 기반 관개시스템
　　　　　　　　　　　　　　　　　(영농활용: 2024. 국립농업과학원)
○ 배경
 - 농업인의 경험에 의한 관개에서 벗어나 데이터 기반 자동 관개 시스템 개발 및 보급

- 수분스트레스 진단에 주요 요인인 엽온(잎 온도)의 정확한 계측 기술 필요
- 적외선 온도센서 등을 활용하여 엽온을 계측하고 있으나, 센서 설치 및 관리 어려움
 → 엽온 계측 센서 대체를 위한 엽온 예측 모델 적용 관개시스템 개발

○ 개발된 영농기술정보
 - AI 활용 엽온 예측 모델 개발을 통한 수분스트레스 진단 기술 개발
 · 대기환경 데이터 기반 엽온 예측 모델 선정 및 성능 평가 수행
 * 결정계수(R^2) 0.93 이상, RMSE 0.69로 높은 예측 성능 (Gradient Boosting 모델 활용)
 - AI 엽온 예측 모델 적용 관개 알고리즘 및 제어시스템 개발
 · 엽온 예측 모델을 적용한 작물수분스트레스지수(CWSI) 자동 산정
 · 작목, 작물 생육단계 등 다양한 조건을 고려한 CWSI 기준에 따른 관개 시기 판단
 · AI 활용 관개 제어 및 농가 모니터링을 위한 사용자환경(UI) 구축

 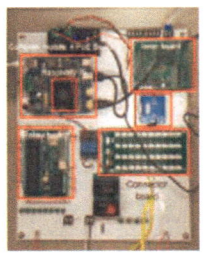 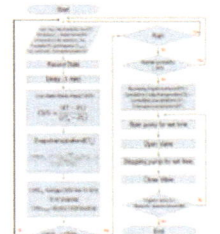 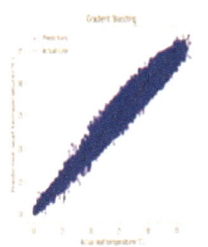

〈인공지능 기반 관개시스템〉　　〈관개 알고리즘〉　〈엽온 예측 모델〉

○ 파급효과
 - (경제적) 엽온 계측에 필요한 센서 설치 및 유지 관리 비용 절감
 - (기술적) 작물의 생육단계와 환경 조건에 맞춘 정밀관개로 과수 품질과 수확량 증대
 - (산업적) 개발 기술의 사업화 추진을 통해 국내 농산업체 경쟁력 강화 및 수익 창출

'아리수' 사과 생리장해 경감을 위한 수확 전 염화칼슘, 붕산 처리

(영농활용: 2024. 국립원예특작과학원)

○ 배경
- 여름철 지속되는 고온으로 인해 과피가 터지는 열과 현상이나 햇볕에 데어 품질이 저하되는 일소 피해 증상이 발생하고 있음
- '아리수' 품종의 상품성 저하를 방지하려는 방안 필요

○ 개발된 영농기술정보
- 수확 전 칼슘, 붕소 처리 방법
  · 살포시기: 수확 45일 전, 30일 전(8월 중순경)
  · 살포제 및 농도: 칼슘(0.5%), 붕산(0.1%)
- 수확 전 칼슘, 붕산 처리에 의한 생리장해 경감 효과
  · 칼슘, 붕산 처리는 과실 품질에 미치는 영향 없음
  · 무처리구보다 칼슘, 붕산 처리구에서 낙과와 열과 발생률이 현저히 떨어짐
  · 단일처리구보다 복합처리구에서 열과, 일소 등의 생리장해 피해과 발생이 감소함

처리	낙과 (%)	동녹 (%)	열과 (%)	일소 (%)	병해충 (0-5 score)
Control	15.52c	18.37a	10.14c	14.92b	2.16b
CaCl2	8.99b	17.14a	4.81bc	6.14b	1.45b
Boron	8.45b	17.78a	6.85ab	7.41b	1.44b
CaCl2 + B	4.66a	17.23a	1.28a	4.42a	1.49a

동녹   열과   일소   반점 및 병해충

○ 파급효과
- 고품질 '아리수' 생산으로 농가 소득 증가

아리수 사과 생육기 질소과잉에 의한 과실 반점성 장해

(영농활용: 2023. 국립원예특작과학원)

○ 배경
 - '아리수' 사과는 9월 상순이 숙기인 국내 육성 품종으로 재배환경 및 관리 방법에 따라 과피에 다양한 반점성 장해가 발생하여 상품성을 저하시킴
 - 과실 표면의 반점성 장해는 주로 칼슘결핍으로 나타날 수 있으며, 과피에 짙은 녹색이나 갈색 반점과 함께 조직이 코르크화됨
 - 농가에서는 관행적으로 나무의 수세회복을 위해 질소 비료를 과다 살포하기도 하는데, 이는 '아리수' 사과에서 과실로 이동해야 할 칼슘이 잎에 더 많이 축적되어 상대적으로 과실 칼슘결핍을 유발할 수 있음
 - 따라서 사과원에서 생육기 질소시비 과다로 인한 과실 반점성 장해 발생에 대한 위험성을 인지하고 합리적인 질소영양 관리를 통해 반점장해 경감을 도모해야 함
○ 개발된 영농기술정보
 - 생육기 '아리수'의 질소 영양이 과다하게 되면 과실 표면의 반점성 장해 발생위험이 증가한다는 정보를 포함한 농업기술길잡이 내용 개정

개정전	개정후
제6장 생리장해 - 04. 과실의 반점성 장해 p. 178-180	제6장 생리장해 - 04. 과실의 반점성 장해 p. 178-180 (추가) ... 한편 아리수 사과의 경우 생육기 중반(6월) 질소 양분의 공급이 과다해지면 과실 표면에 녹색반점성 장해가 발생하기 쉽다. 따라서 사과원에서는 합리적인 질소양분 관리를 통해 이러한 과실 반점성 장해의 발생위험을 경감시켜야 한다.
농업기술길잡이 05. 사과재배 , 개정이 필요한 쪽 : 178-180	

○ 파급효과
- '아리수' 사과원 합리적 질소양분 관리도모를 통한 반점장해 경감 및 농가 안정생산

□ 사과 '아리수' 봉지재배 시 수확 전 봉지 벗기는 시기
(영농활용: 2024. 국립원예특작과학원)

○ 배경
- 사과 '아리수'는 맛 좋고, 외관이 수려하여 재배면적이 증가하고 있으나, 재배 환경에 따라 반점 및 동녹 발생이 많아 봉지재배 농가가 증가하고 있음
- 추석 성수기 출하가 가능하고 외관에 따라 수취가격 차이가 크므로, 봉지재배가 증가함
- 봉지재배 시 외관은 우수하나 당도가 낮으므로 착색, 당도, 반점 발생 정도를 고려한 수확 전 봉지 벗기는 시기의 구명이 필요함

○ 개발된 영농기술정보
- '아리수' 봉지재배 시 수확 30~20일 사이에 완전히 벗기는 것이 가장 유리하며, 작업은 하루 중 기온이 높은 시기에 실시함
 · 이 시기에 봉지를 벗긴 과일은 더 일찍 봉지를 벗기거나(수확 45일 전 제거) 봉지를 씌우지 않은 과일에 비해 열과, 일소, 반점, 수확 전 낙과, 동녹 등 대부분의 생리장해 발생 정도가 낮았음
 · 더 늦게 봉지를 벗긴 과일(수확 10일전 제거)에 비해 착색이 우수하고 당도가 더 높았음
- 봉지는 홑봉지를 사용하되 씌우는 작업은 마무리 적과 후 6월 중순 이전에 마무리하여야 함

○ 파급효과
- '아리수'의 봉지재배 농가가 증가하고 있는 실정에서 봉지를 너무 일찍 벗겨서 과일 외관이 불량해지거나, 너무 늦게 벗겨서 당도가 낮은 등의 문제를 최소화 함으로써

- 출하 시기, 출하 방법에 맞는 '아리수'의 무봉지 및 봉지재배의 다양한 방식 제시로 생산자의 선택 폭을 넓힘으로써 '아리수' 품종 안정 정착 도모

□ 2025 기상재해 대응 기술 가이드북(주요 20작물)

(보도자료: 2025.3.24. 농촌진흥청)

○ 농촌진흥청은 주요 농작물을 대상으로 기상재해가 발생했을 때 현장에서 대응할 수 있는 기술을 수록한「2025 기상재해 대응기술 가이드북(주요 20작물)」을 발간했음
○ 이 책에는 주요 식량작물 3종, 채소 11종, 과수 6종 총 20 작물* 생산단계에서 발생하거나 발생이 우려되는 기상재해와 현장에서 활용할 수 있는 대응 기술을 수록했음
  * 식량작물(3): 벼, 콩, 감자. 채소(11): 고추, 마늘, 양파, 배추, 무, 대파, 토마토, 수박, 참외, 딸기, 오이. 과수(6): 사과, 배, 복숭아, 포도, 단감, 감귤
  - 이와 함께 작물별 농작업 일정도 보기 쉽게 수록했음
○ 책은 도 농업기술원과 시군 농업기술센터 등 관계 기관에 배부할 예정임
  - 농업과학도서관(lib.rda.go.kr) 소장자료에서 열람하거나 파일(PDF)로도 내려받아 볼 수 있음

표지

목차

병해충 방제

○ 탄저병
 - 장마기 연속강우 및 고온다습한 환경이 지속되면 발생 증가
 - 중간기주가 되는 호두나무, 아카시아를 사과원 주변에서 제거
 - 탄저병이 발생하면 병든 과실은 따내어 땅에 묻거나 소각하여 2차 전염을 차단해야 함
 - 과실은 봉지씌우기를 하면 병원균 전염을 차단하는 효과가 있음
 - 탄저병에 약한 '홍로' 등 조중생종 품종은 병 발생에 특히 주의
  · 탄저병이 자주 발생하는 과원은 '후지'와 중생종 품종을 혼식하지 않는 것이 좋음

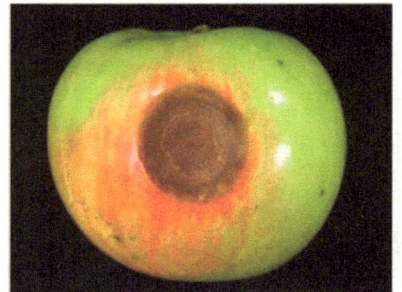 

〈탄저병 증상〉

○ 점무늬낙엽병
 - 연도별 기상 상황 방제 방법 등에 따라 발생 정도가 달라지나, 포자 비산은 4월부터 시작하여 10월까지 계속되며, 2차 전염은 잎에서 발생한 병반에 형성된 분생포자에 의해 계속 일어남
 - 과실 감염은 7~8월에 가장 많이 일어남
○ 응애류
 - 엽당 3~4마리 이상이면 약제를 살포함
  · 적기 방제하지 못하면 밀도 경감이 어려움
○ 복숭아심식나방 발생이 증가할 수 있으므로 예찰 결과에 따라 전문 약제를 살포하여 방제하는 것이 효과적임

□ 사과 '썸머프린스', '골든볼'의 식미 정보 제공

(영농활용: 2024. 국립원예특작과학원)

○ 배경
 - 최근 사과 신품종들이 많이 개발되어 소비자들은 다양한 품종을 선택하여 구매할 수 있음
 - 하지만, 사과 품종 이름이나 외관만으로 식미(맛)를 판단하기에는 어려움이 있어 소비자들이 손쉽게 파악할 수 있는 식미 정보 제공이 필요함
○ 개발된 영농기술정보
 - 사과 신품종 '썸머프린스', '골든볼' 식미 정보 도표(1~5점)

〈썸머프린스〉　　　　　　〈골든볼〉

 * 과일의 식미는 생산·유통 환경에 따라 달라질 수 있으며 식미는 주관적이므로 개인차가 있을 수 있음
 ** 도표는 1(약)~5(강)등급 범위로 작성됨

품종명	단맛	신맛	식감(경도)	과즙	향기
썸머프린스	2.5	3.5	2.5	3	1
골든볼	4	4	4.5	2	1.5
쓰가루(대조)	3	3	3	3	1

○ 파급효과
 - 사과 품종별 주요 식미 정보를 시각화하여 제공하여 사과 신품종 구매 시 참고 자료로 활용

■ 여름 사과 신품종 '골든볼'의 저장 특성

(영농활용: 2024. 국립원예특작과학원)

○ 배경

- '골든볼'은 2000년 '엘스타'와 '홍로'를 교배하여 2017년에 개발된 황색의 과피색을 가진 여름 사과이며, 국산 품종으로 2021년 품종보호 등록되었음
  · 8월 상중순이 성숙기이며 과형은 약간 납작한 원추형이고 과중은 275g, 당도는 14.8°Brix, 산도는 0.51%, 경도는 73N임
- 적색 품종이 대부분인 사과 시장에서 황색 품종인 '골든볼'에 대한 외형적 매력과 단단하고 새콤달콤한 맛으로 수요가 급격히 증가하고 있으며, 이에 따라 장기간 유통의 필요성이 대두되고 있음
- 따라서 '골든볼'의 저장 방법과 저장 기간에 따른 과실 품질 변화에 관한 연구 결과를 제공하고자 함

○ 개발된 영농기술정보

- 저장 중 과실의 경도, 산도, 당도, 감모율, 위조 및 왁스 발생 정도를 고려하였을 때 20℃ 상온저장 시 약 30일, 0℃ 저온저장 시 약 6개월까지 품질 유지가 가능하였음
- 저장 중 과실 품질 유지 기간은 재배환경과 수확 시 과실의 성숙도에 따라 달라지므로 수시로 성숙도를 확인하여 출하 시기를 결정하여야 함
- 300g 이상의 대과로 재배 시 과경부 열과 발생이 증가하므로 적정 크기로 생산하여야 함

○ 파급효과

- 사과 신품종 '골든볼'의 저장 특성을 구명하여 안정적인 유통과 국산 품종 점유율 향상에 기여

2. 배

☐ 열과

○ 피해특성
- 과실비대기와 수확 전, 가뭄 이후 급격한 수분 흡수(강우) 때문에 주로 발생
  · 과실에 수분이 흡수된 상태에서 과피가 견디지 못해 갈라짐
- 사질토양과 뿌리가 깊이 뻗지 못한 나무에서 발생이 심함
- 과피가 얇고 유연한 '화산', '신화', '신고' 등에서 발생이 많음
  · '신화', '화산': 과실비대 초기(6월)에 많이 발생
  · '신고': 과실비대 후기(9~10월)에 많이 발생

<배 품종별 열과의 여러 형태 '신화'(좌), '신고'(중), '화산'(우)>

○ 피해예방
- (지하부관리) 토양물리성 개선으로 수체생육을 좋게 하고 수세를 안정시킴
  · 개원 전 암거배수 설치, 명거배수 주기적 관리, 장마철 배수관리 철저
  · 적정관수로 수분스트레스 감소, 사질토양은 관수와 토양피복으로 한발 피해 방지
- (지상부관리) 합리적 결실관리를 통한 열과 예방
  · 꽃가루가 충분한 수분수 재식, 인공수분 등으로 안정 착과유지
  · 매년 발생이 심한 과수원은 통기성이 좋은 과실봉지를 사용
  · 조기 적과하되, 주기적으로 검은별무늬병 및 저온 피해과는 적과

・엽과비 기준 적정 착과량 유지(소과 품종은 1과당 25~30엽, 중과는 30~40엽, 대과는 50~60엽)

☐ 여름철 가뭄 시 토양수분 관리

○ 장마 후 가뭄 시 관수
- 장마가 지난 다음, 고온기가 되면 잎의 증산작용이 왕성하며 토양 증발이 많고, 장마 기간 뿌리가 약해져 있으므로 가뭄 피해를 받기 쉬움
- 토양물리성이 불량한 과수원에서는 7월 하순경부터 수체 내 수분 부족은 과실 표면이 울퉁불퉁하게 되는 유부과 발생이 많아짐
- 가뭄 시 관수를 하면 토양 내 무기양분 유효도가 증대되고 양분 흡수가 증가하여 과실품질이 향상됨
・관수 시기는 7~10일 동안 강우가 없으면 관수를 시작하는 것이 일반적임

<과수원 1회 관수량 및 관수간격>

토양 종류	관수량(mm)	관수간격(일)	관수량(톤/10a)
사질토	20	4	20
양토	30	7	30
점질토	35	9	35

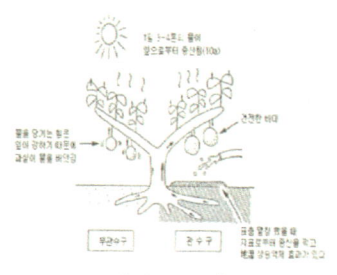
관수 효과

일소 피해 증상

비정형과 모습

<관수 효과 및 피해 증상>

☐ 엽소·일소 피해방지
○ 발생 원인은 8월 고온 건조 상태에서 기공의 개폐기능이 저하된 잎이 과도한 증산작용으로 탈수되기 때문에 일어남
- 어린잎보다 잎 기능이 원활하지 못한 늙은 잎에서 많이 발생하며 토양에서 장마철에 침수로 뿌리 기능이 저하된 상태에서 장마 직후 고온 건조하면 수분 흡수가 불량하여 발생함
○ 방지대책은 깊이갈이와 유기물을 증시하여 통기성을 높여 뿌리의 기능을 원활하게 함
- 물빠짐이 불량한 토양은 장마철에 물빠짐 관리를 철저히 하고 영양생장이 왕성한 과원에서는 가지와 잎이 너무 무성하지 않도록 질소 비료량을 조절함

☐ 조생종 수확
○ 조생종 수확적기 판정은 주로 과피색에 의하여 결정되는데 배가 성숙기에 달하면 녹색배는 담황색이 되고, 갈색배는 과실 표면에 녹색이 없어지고 갈색을 띠며 빛깔이 짙어짐
- 배는 대부분 봉지를 씌워 재배하므로 과피색만으로 수확시기를 결정하기 곤란하므로 과피색, 광택, 과점상태, 열매자루 분리정도와 만개 후 성숙 일수 및 적산온도 등에 의하여 결정함
- '한아름', '원황'과 같이 고온기에 수확하는 품종은 외기온도가 높을 때 수확하면 과실 호흡량이 많아지고 당분이 호흡기질로의 소모가 많게 되어 착색이 나빠지며 저장력도 떨어짐
- 따라서 아침 이슬이 마른 후부터 수확을 시작하여 오전 11시 정도까지 또는 온도가 낮은 오후 늦게 수확하는 것이 좋음
- 수확과정이나 선과 도중에 압상과, 자상 등 물리적인 충격이나 상처가 발생하지 않도록 주의함
- '원황' 품종은 저장력이 짧으므로 적기 수확하고 상온저장력을 높이기 위해 수확 당일 I-MCP, 1,000PPb(70mg/㎥)를 24시간 밀봉 처리함

배 신품종 '그린시스' 과일의 당도에 미치는 수분과 질소의 영향

(영농활용: 2024. 국립원예특작과학원)

○ 배경
- 질소는 아미노산과 핵산의 필수 구성원소로서 세포의 신장과 발달에 관여하며, 주로 영양생장을 주도함
- 일반적으로 질소와 물이 배 과일의 품질(당도)에 영향을 준다고 알려져 있으나(농업기술길잡이013 배 재배, 2020), 과일 당도에 미치는 질소와 물의 영향은 명확하게 제시하지 못하고 있음

○ 개발된 영농기술정보
- 신품종 배 '그린시스' 과일 중 수분, 질소 및 당도 간 상관관계
  · 과일 중 질소와 수분함량 증가는 과일의 당도를 유의하게 감소시킴
  * 과일 중 질소함량 0.1% 증가 시 당도는 1.62°Bx 감소함
  * 과일 중 수분함량 1.0% 증가 시 당도는 0.73°Bx 감소함
- 좋은 과일을 얻기 위해서는 질소, 인산, 마그네슘 등이 과잉으로 흡수되지 않도록 시비관리가 필요하며, 수확기 무렵의 강우에 대비하여 배수성 개선과 빈번하게 관수하지 말고 배수불량지는 피하는 것이 유리함

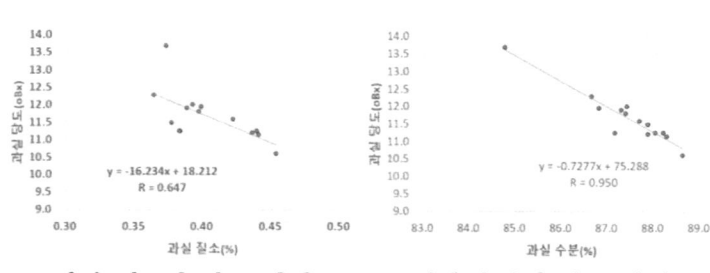

<과일 질소와 당도 관계> <과일 수분과 당도 관계> <과일 성분과 당도 관계>

○ 파급효과
- 배 과일 품질에 미치는 질소와 물의 영향에 관한 정보제공을 통하여 건전한 토양관리 유도 및 고품질 과실 안정생산에 기여

생장촉진제 사용으로 인한 배 '그린시스' 과실의 당도 하락

(영농활용: 2023. 국립원예특작과학원)

○ 배경
 - 과실의 조기 수확 및 과중 향상을 위해 배의 생장촉진제(지베렐린, GA) 사용이 보편적으로 나타나고 있으며 이에 따라 생리장해, 저장력 감소, 품질 저하 등의 문제가 지속적으로 보고되고 있음
 - 소비자 구매행태 변화에 따라 일상소비용 품종 보급이 필요하며, GA 사용에 대한 소비자 인식이 부정적으로 나타나고 있음
 - 배 '그린시스'의 GA 처리 시 나타나는 품질 변화 연구 결과를 통해 사용 시 장단점을 소개하고 농업인의 GA 지양 및 올바른 사용을 유도하기 위함

○ 개발된 영농기술정보
 - (당도변화) GA 처리구의 당도는 무처리구에 비해 유의미하게 낮으며, 수확 과실을 상온 저장하였을 때 저장 기간이 경과함에 무처리구에 비해 빠른 당도 저하가 나타남

<'그린시스' 수확 시기별 상온저장기간에 따른 처리구의 당도 변화>

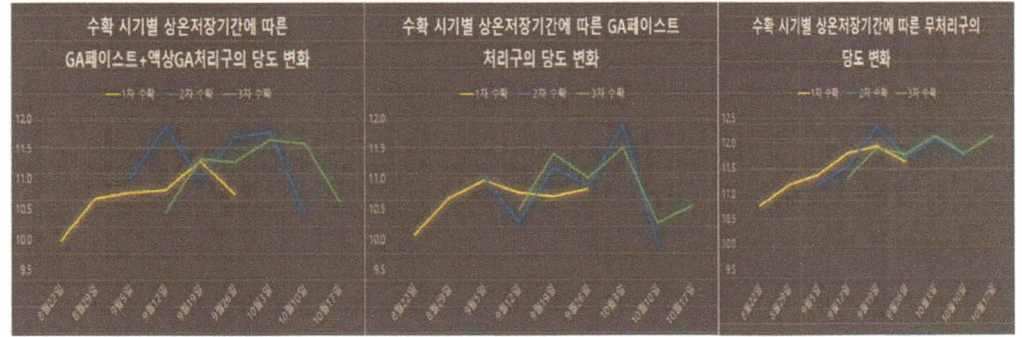

○ 파급효과
 - 배 신품종 재배 시 무분별한 생장촉진제(지베렐린, GA) 사용을 억제하여 생산비 절감 및 산업 안정화에 기여
 - GA 사용 지양으로 품종 고유 특성 발현 유도 및 신품종 품질 향상

3. 복숭아

□ 과실 수확 후 품질변화 요인
  ○ 호흡작용
   - 과실은 수확 후에도 호흡작용을 계속하게 되므로 산소를 흡수하고 탄산가스를 배출하는데 호흡기질로 생체 세포 내에 저장된 탄수화물이 분해되어 소모됨
   - 수확한 복숭아 과실의 보구력을 증진하기 위해서는 과실 내 양분을 가능한 한 적게 소모하는 것이 중요함
   - 복숭아는 고온기에 수확되므로 수확 직후 호흡작용을 억제해야 하는데 호흡작용은 온도, 습도 등에 따라 다르나 주로 온도의 영향을 많이 받음
   - 주요 과실 온도 호흡열과의 관계를 보면 과종 및 품종에 따라 다르나 복숭아 호흡열은 0℃일 때 과실 1kg당 12.1~18.9㎽인 것이 온도가 높을수록 급격히 상승하여 20℃일 때 175~303.6㎽로 0℃와 비교하면 14.6~16.0배나 증가하므로 신선도는 그만큼 급격히 하강하게 됨
  ○ 증산작용
   - 과실은 호흡작용을 통하여 유기물을 분해하고 에너지를 만드는데 그 에너지의 상당 부분은 열로 발생하게 됨
   - 증산작용은 이 열을 식혀주기 위한 기능임
   - 증산작용이 활발하면 시들어서 쪼글쪼글해지고 색깔이 변하여 상품성을 떨어뜨릴 뿐 아니라 중량 감소를 가져와 직접적인 손실을 초래하게 됨
   - 과실은 85~90%가 수분으로 구성되어 있는데 이 중 수분이 10% 정도 소실되면 상품 가치를 잃게 됨
   - 증산작용은 건조하고 온도가 높을수록 공기의 움직임이 심할수록 촉진됨

과실 예냉

○ 예냉의 중요성 및 효과
  - 고온기에는 과실 수확 직후 빨리 호흡을 억제하고 양분과 물성분의 변화를 적게 하는 것이 유리한데, 과실 온도를 낮추어 주는 것을 예냉이라 함
  - 과실은 기온이 5℃ 상승함에 따라 품질변화 속도는 2~3배 증가함
  - '백도' 품종에서 예냉을 한 과실과 그렇지 않은 과실을 냉장차에 75시간 동안 보존한 결과 이산화탄소 배출량은 예냉을 하지 않은 과실에서 월등히 높았음
  - 예냉 유무에 따른 유통 중 부패율은 예냉을 한 과실은 냉장차에서 5일 동안 보존 시 부패율이 없었으나 예냉 하지 않은 과실은 반부패 12.1%, 모두 부패 9%로 21.1%의 부패과가 발생하였음
  - 과실을 32℃에서 1시간 보관하는 것은 10℃에서 4시간, 0℃에서 7일간 보존기간에 상응하는 품질 노화가 발생하므로 수확 후 예냉은 과실 신선도 유지에 대단히 중요함

○ 예냉 방법
  - 예냉 온도는 0~3%이며, 예냉 방법은 강제통풍냉각, 차압통풍냉각, 진공냉각이 있음
  - 우리나라에서는 복숭아 과실 예냉은 많이 이루어지고 있지 않으나 과실 신선도 유지를 위해 꼭 필요한 조치임
  - 적당한 예냉시설이 없는 곳에서는 수확 직후 과실을 건물의 북쪽이나 나무 그늘 등 통풍이 잘되고 직사광선이 닿지 않는 곳을 택하여 잠시 보관한 후 포장함으로써 예냉 효과를 보기도 함

○ 강제통풍냉각
  - 우리나라 대부분의 저온저장고 형태로 실내 공기를 냉각시키는 냉동장치와 찬 공기가 쌓여있는 과실 상자 사이로 통과시키는 공기순환장치로 구성된 것으로 시설은 비교적 간단함

- 예냉 속도가 늦고 가습장치가 없으면 과실에 수분 손실을 줄 수 있는 단점이 있음
○ 차압통풍냉각
- 예냉실의 냉기가 쌓여있는 과실 상자 내로 강제적으로 순환되도록 하여 냉기와 과실의 열 교환 속도를 빠르게 하므로 강제 통풍 냉각보다 예냉 효과가 좋음
○ 진공예냉
- 예냉실 내 압력을 내려 과실 표면 수분을 증발시켜 물의 증발 잠열을 이용함으로써 과실을 냉각시키는 장치임
- 진공예냉을 위해서는 예냉실의 압력을 낮추어야 하는데 이를 위해서는 충분한 압력에 견딜 수 있는 밀폐된 예냉실과 진공펌프가 있어야 함
- 진공냉각은 다른 예냉방법에 비하여 시설비가 많이 소요되지만 예냉속도가 빠르고 편리할 뿐만 아니라 적재된 과실을 균일하게 냉각시킬 수 있는 장점이 있음

□ 태풍 및 집중호우 대책
○ 태풍의 염려가 있는 지역에서는 수확기에 가까운 과실들은 미리 수확하고 숙기가 덜 된 나무들의 지주를 점검해야 함
- 비가 많이 올 때 평지 과원에서는 토양에 물이 차서 안 빠지는 경우가 있는데 토양 속 수분에 의한 직접적인 손상보다 산소 부족의 영향으로 받는 피해가 더 큼
- 토양 내 산소 부족은 뿌리 신장을 억제하고 양·수분 흡수에 장해를 줌
- 복숭아는 내수성이 매우 약해 물에 잠기면 단기간에 낙엽이 되기 쉬우므로 배수 대책을 항상 마련해 두고 사전에 배수로를 정비하도록 함

- 과원에 물이 찼을 경우 신속하게 배수하고, 토양이 마르면 경운하여 통기성을 확보해야 하며, 나무가 쓰러졌을 때는 토양이 물기를 머금어 부드러운 상태에서 세워 주면 뿌리가 손상되는 것을 줄일 수 있음
- 수확기 전 피해를 보았다면 가지와 잎의 손상 정도에 따라 과실을 제거하여 나무의 부담을 줄여주는 것이 좋음
- 나무에 묻은 흙은 깨끗한 물로 씻어 주어야 하며, 적용 약제를 살포하여 병해충 발생을 방지해야 함

수지(樹脂) 증상

○ 증상은 원줄기나 원가지에서 수지가 분비되는 것을 말하는데, 처음에는 투명한 젤리 모양의 수지가 분비되다가 이것이 차츰 진한 갈색이 되고 나중에는 굳어져 흑갈색이 됨
- 5~6월부터 발생하기 시작하여 7~8월의 여름철에 가장 발생이 많음
○ 발생 원인은 일반적으로 세력이 약한 나무에 많이 발생하고, 물빠짐이 나쁘거나 매우 건조한 땅에서도 많이 발생함
- 특히 여름철에 가지가 일소피해를 받으면 조직에 부분 괴사가 일어나고 에틸렌 가스가 다량으로 발생하면서 수지가 형성됨
- 장마철에 물 빠짐이 매우 나쁜 나무는 뿌리의 혐기 호흡에 의해 에틸렌, 알데하이드 등이 다량 생성됨으로써 수지 발생을 촉진함
- 줄기마름병, 유리나방 등 병해충에 의해 2차적으로 유발되기도 함
○ 방지대책으로는 토양이 지나치게 건조하면 관수하고 장마철에는 물 빠짐을 좋게 하는 등 재배 관리를 합리적으로 하여 나무 세력을 튼튼히 함
- 굵은 가지가 일소피해를 받지 않도록 잔가지를 적절히 배치함

☐ 생육기 고온이 복숭아 '미홍'의 꽃눈 분화에 미치는 영향

(영농활용: 2024. 국립원예특작과학원)

○ 배경
 - 최근 이상기상으로 사과 꽃눈 분화 불량, 복숭아 기형과 발생 등 수체 생육 및 과실 품질 저하 문제가 빈번하게 발생하고 있음
 - 온도 상승에 따라 복숭아 꽃눈 분화 저하가 예상되나, 개화 생리에 대한 명확한 정보가 없어 복숭아 화기 형성 시기 및 생육기 고온이 꽃눈 분화에 미치는 영향에 대한 과학적 근거를 제공하고자 함

○ 개발된 영농기술정보

개정 전	개정 후
제Ⅷ장 결실 관리 01. 수분과 수정 가. 개화 생리	제Ⅷ장 결실 관리 01. 수분과 수정 - 가. 개화 생리 　복숭아 꽃눈 분화는 8월부터 시작되며, 화아원기가 형성된 후 꽃받침(8월), 꽃잎(9월 상순), 수술(9월 하순), 암술(10월) 순으로 발달하여 휴면기에 앞서 분화가 완료된다. 특히 이 시기의 고온은 꽃눈 분화에 부정적인 영향을 미치며, 기후변화로 인해 온도가 5~6℃ 상승할 경우 잎눈과 꽃눈의 수가 55~80% 감소하고, 꽃눈 비율(꽃눈/전체 눈)은 16~33%p 감소할 수 있다. 이러한 변화로 인해 적정 수의 꽃눈과 잎눈을 확보하지 못하면 영양생장과 생식생장의 균형이 깨질 수 있으며, 이는 착과량 감소와 더불어 생산성이 저하로 이어질 수 있다. 따라서 고온기 꽃눈 확보를 위하여 적심, 절단 전정과 같은 결과지 관리에 유의해야 한다. ＊ 화기 발달 단계: 꽃받침(1단계) → 꽃잎(2단계) → 수술(3단계) → 암술(4단계) 형성 〈조생종 복숭아 '미홍'의 잎눈 및 화기 형성 과정('23)〉
농업기술길잡이 책자명: 복숭아 재배, 개정이 필요한 쪽: p.117	

○ 파급효과
 - 복숭아 안정생산 기반 구축 및 농가 소득향상 기여

■ 갈색날개노린재 생태 및 방제요령

○ 분류
- 영명: Brown Winged Green Bug
- 학명: *Plautia stali* (Scott, 1874)
- 노린재목(Hemiptera) 노린재과(Pentatomidae)에 속하는 해충

○ 분포
- 한국, 일본, 중국, 러시아 등에 분포

○ 기주식물
- 사과, 복숭아, 밤나무, 감나무, 콩과식물, 벚나무 등

○ 형태
- 성충은 10~12mm이며 몸 색깔은 광택이 있는 녹색, 날개는 갈색임
- 머리, 앞가슴, 작은 방패판, 혁질부 앞 가장자리와 결합판은 녹색, 날개 끝 막질부 대부분은 연한 갈색이나 겹쳐 있을 때는 암갈색으로 보임
- 겹눈은 흑갈색이고 더듬이는 5절이며 연한 갈색임

○ 발생생태
- 성충으로 활엽수나 칡 등의 낙엽, 돌밑 등에서 월동, 연 1~2회 발생함
- 성충은 5~6월에 과원에 날아와 어린 과실을 가해하며, 알은 무더기로 낳으며 무더기 알의 수는 약 15~25개 정도임
- 갓 부화한 유충은 집단생활을 하고, 7~8월에 성충이 되어 과실을 가해하지만 피해가 크지 않고, 9~10월의 피해가 큼
- 고온 건조할 때 증식율이 높고, 채소나 두과작물이 심겨 있거나 방풍수로 둘러싸여 통풍이 잘 안되는 곳 등에서 발생이 많음
- 한낮에는 그늘에 숨어 있다가 이른 아침이나 저녁에 주로 가해함

○ 피해증상
- 성충과 약충이 구침을 이용하여 흡하기 때문에 과실 윗부분이나 옆면에 주로 나타나고 과육이 코르크화되며, 가운데 피해부에 구침으로 찌른 흔적을 보이며 식물보다 과실에 피해를 줌

- 과실이 피해를 보면 상처가 생겨 즙액이 유출되거나 둥근 모양의 검은색 반점이 생기고 과실 내부에 세균 번식으로 썩게 됨

(알)

(어린약충 1~2령)

(3-5령 약충)

(성충)

(복숭아 피해)

(사과, 구기자 피해)

 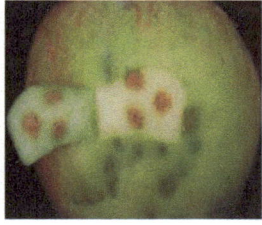  

○ 예방 및 방제
 - 낙화 직후와 봉지씌우기 전에 노린재 방제 약제를 살포함
 - 수확 전에 노린재 방제 약제를 살포함
 - 집합페로몬 트랩을 과수원 인근에 설치하여 노린재를 대량 유살함
 ※ 트랩 설치 시 내부에 설치하면 피해가 증가하므로 주의해야 함.
   ▶ 작물별로 등록된 약제 관련 정보는 농촌진흥청 '농약안전정보시스템(psis.rda.go.kr)'에서 확인 할 수 있으며, 농약안전사용기준에 따라 사용함

4. 포 도

☐ **신초 늦자람 현상**
- ○ 신초가 8월 상순 이후에도 생장을 계속하거나, 곁순이 지나치게 생장하는 것이 늦자람 현상으로 성숙 지연 및 결과모지 등숙 불량의 원인이 됨
  - 포도나무의 좁은(2.4~3.0m) 주간 거리는 재식 4~5년부터 늦자람 현상이 나타나고, 비옥한 토양에서는 더욱더 심하게 나타남
  - 신초 생장 측면에서 늦자람 현상은 영양 생장이 생식 생장을 압도하는 것으로 잎에서 만들어진 탄수화물을 수체 내 전분으로 멈추지 않고 셀룰로스 또는 리그닌 합성에 이용함
  - 그러므로 뿌리, 가지를 비롯한 수체 각 부위에 전분 함량이 낮고, 수체 조직의 치밀도도 떨어져 겨울철 저온과 건조로 주간 및 주지 등이 갈라지는 현상이 일어나거나, 지상부가 고사되는 피해를 받음
- ○ 방지대책은 포도나무 수세에 맞게 수확 직후 또는 동계전정 시 간벌하는 것이 가장 효과적이고, 착색기 이후에도 신초가 생장하면 주기적으로 순지르기를 함

☐ **열매터짐(열과)**
- ○ 포도알 과피가 갈라져서 터지는 현상으로 터진 부위에 2차적으로 곰팡이병이 발생하여 열매 터짐을 더욱 촉진함
  - 일반적으로 과피가 약한 유럽계 포도가 미국계 포도보다 열매 터짐이 심함
    · '켐벨얼리' 품종도 해에 따라 열매 터짐 현상이 많음

〈포도 열과 증상〉

- 껍질 접촉 부위의 열과는 접촉면의 큐티클층 발달이 충분하지 못하여 껍질 강도가 떨어진 것이 원인임
- 포도알 측면 열과는 포도알이 커지면서 껍질이 팽압을 견디지 못하는 것이 원인임
- 과정부(꽃 떨어진 자리) 열매 터짐은 기본적으로 포도알이 커지면서 팽압이 원인이지만, 이러한 형태의 열매 터짐은 주로 4배체 품종에서 많이 발생하는 것으로 큰 주두흔에 부정형의 부스럼 딱지 모양으로 된 포도알에서 발생됨
○ 방지대책은 뿌리로 한 번에 많은 양의 물이 흡수되는 것을 방지할 수 있는 비닐하우스 또는 비가림시설은 열매 터짐 발생을 효과적으로 줄일 수 있음
- 비닐이나 부직포 등으로 토양 표면을 멀칭하는 것도 효과적임
- 오랫동안 비가 오지 않으면 관수를 해서 토양수분의 급격한 변화를 막아주는 것도 바람직함
- 재배적인 방법으로는 수관을 정리해서 수관내부까지 햇빛과 바람이 잘 통하게 하여 껍질의 강도를 높여주는 것이 좋음

☐ 흰얼룩병

○ 포도나무 결과지와 과실 성숙기 이후에 주로 나타나는 증상으로 흰얼룩이 결과지나 과실의 표면을 덮고 있어서 마치 흰가루병과 유사한 증상을 나타냄
- 관여하는 미생물은 흰가루병균과는 전혀 다른 부생성이 강한 미생물 2종 또는 그 이상이며, 과실 조직을 침입하여 해를 끼치지 않으나 과실 외관을 해쳐 상품성을 저하하고 심지어 약제를 과다 살포한 것으로 오해하기도 함
○ 발생 원인은 논 주위에 심어진 포도원처럼 높은 습도 및 환기가 불량한 곳에서 많이 발생함

○ 방지 대책은 하우스 내 환기에 유의하면서 습도를 높지 않게 관리하는 것이 가장 중요하고, 발생 우려 시 적용약제를 살포함

☐ 햇볕데임(잎, 송이) - '샤인머스켓'
○ 햇볕데임 증상은 외부온도가 33℃ 이상일 때 발생하거나, 비 온 직후 햇볕이 강할 때 주로 나타남
○ 포도잎이 고온으로 타는 현상으로 엽면적만 감소하는 것이 아니라, 당도 및 착색 등 품질이 떨어지고, 저장양분 축적 불량으로 이듬해 작황에도 좋지 않음
○ 햇볕데임 증상은 무기성분 과부족에 의한 생리장해와는 다르게 잎에 부정형으로 피해를 받아 쉽게 구분할 수 있음
○ 포도알의 햇볕데임 증상은 불에 덴 것처럼 갈색으로 변하여 움푹 들어가고, 심한 경우 1~2일 후 포도알이 오그라들어 떨어짐
○ 발생원인
 - 잎의 햇볕데임은 주로 장마기에 나타나며, 특히 지하수위가 높은 답전환 포도원 및 배수 불량한 곳에서 발생함
 - 농가는 성숙기에 열매 터짐 우려를 해 물주기를 기피하고, 점적호스가 땅 표면에 붙어 있어 물이 떨어지는 것으로 볼 수 없고, 비가 내려도 땅표면이 흑색비닐로 멀칭 되어 물을 흡수할 수 없음
○ 방지대책
 - 햇볕데임 증상은 토양수분과 밀접하므로 통기성과 물 빠짐이 잘 이루어지도록 함
 - 포도원의 점적호스는 땅표면에서 10.0㎝ 정도 올려 점적호스에서 물이 떨어지는 것을 볼 수 있도록 하고, 토양에 피복한 비닐도 포도나무를 중심으로 좌우로 30㎝씩 벌려 물이 잘 흡수되도록 함
 - 착색기 이후에도 물은 5일 간격으로 10톤/10a씩 수확 5일 전까지 주도록 함

■ 포도 '샤인머스켓'의 품질(당도)에 미치는 양·수분의 영향

(영농활용: 2024. 국립원예특작과학원)

○ 배경
 - 포도 '샤인머스켓'은 최근 재배면적이 급증하고 있는 내수 및 수출용 포도임
  * '샤인머스켓' 재배면적: (2017) 950ha → (2024) 6,577(KREI, 2024)
 - 최근 '샤인머스켓' 품종이 시장에 선보였던 초기에 비해 맛이 떨어진다는 불만이 발생하는 반면, 과실품질에 영향을 주는 재배관리 연구는 찾아보기 어려움

○ 개발된 영농기술정보
 - '샤인머스켓' 5년생의 관비 수준별 재배 기간 중 과실 당도 변화
  · 개화 후 139일 무렵 고당도 19°Bx 수준 도달, 시비량보다 조기수확이 당도 저하에 더 큰 영향을 미침
 - '샤인머스켓' 5년생의 과실·토양·생육 특성 간의 상관성
  · 과실의 당도는 과일 수분과 질소 함량이 낮을수록 증가
  · 과실의 당도는 과즙의 칼륨 함량이 높을수록 증가

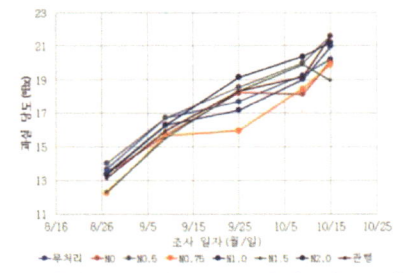 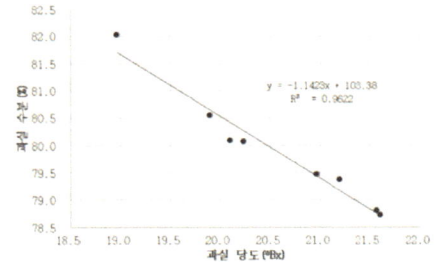

〈질소 관비 수준별 포도 과실 당도 변화〉　〈포도과실 당도와 수분함량 간 관계〉

○ 파급효과
 - 포도 '샤인머스켓'의 과실 당도 정보 제공을 통한 과원의 재배관리 방향 및 고품질 과실 생산에 기여

■ 과수산업 경쟁력 높일 현장실증연구 본격 추진

(보도자료: 2025.4.8. 농촌진흥청)

○ 농촌진흥청 국립원예특작과학원은 과수 분야 현장실증연구과제를 본격 추진함

○ 최근 들어 과수 생육기 저온으로 과일나무 새순이 얼어 죽거나, 고온·가뭄에 의한 당도 저하, 껍질 색이 잘 들지 않는 현상이 자주 발생하고 있음

 - 실제 2024년에는 과수 생육 초기인 4월 하순 기온이 영하 2~4도(℃)까지 떨어졌고, 성숙기인 7~8월에는 열대야가 22일 연속 발생했음

 - 8월 강우량은 평년 대비 7.8~46.8%에 그쳤음

○ 이에 농촌진흥청은 2025년에 7개 지역에서 과수 분야 현장실증연구 3과제를 추진해 기술의 빠른 현장 안착을 도울 계획임

 - '포도 무가온 하우스 온도 제어시스템'은 이상저온에 의한 새순 고사, 꽃 피는 시기 꽃떨이현상 방지를 위해 포도 온실에 열풍 공기 순환 팬을 설치, 생육 초기(3℃↑)와 개화기(12℃↑) 온도를 관리하는 과제임

〈포도 무가온 하우스 온도 제어시스템〉

 - '사과 햇빛 차단망 제어시스템'은 고온기 햇빛 데임 피해와 마른 장마기 물 부족에 따른 품질 저하를 막을 수 있는 온도·강우 반응형 햇빛 차단망 시스템을 설치·활용하는 과제임

 - 이 시스템에는 자동관수시설도 함께 적용해 누적 강우량이 7일간 20mm 이하면 991㎡(300평)당 20톤의 물을 공급함으로써 당도와 착색을 향상할 수 있음

 - '포도원 스마트 물관리 시스템'은 '캠벨얼리' 껍질 색이 까맣게 들지 않는 현상을 해결하기 위한 과제임

- ・착색 불량은 고온과 햇빛 부족뿐 아니라, 가뭄에 의해서도 발생함
- 이 시스템은 5일 간격으로 991㎡(300평)당 20톤의 물을 공급하고, 성숙기에는 물 15톤씩을 3일 간격으로 줄여 공급할 수 있음
○ 참고로 '포도 무가온 하우스 온도 제어시스템'과 '포도원 스마트 물관리 시스템' 기술은 농촌진흥청에서 개발했음
○ 사과 햇빛 차단망은 경상북도 의성군농업기술센터에서 개발한 기술에 농촌진흥청과 의성군농업기술센터가 공동으로 강우 반응형 자동 관수장치를 추가해 실증 중임
○ 농촌진흥청 국립원예특작과학원은 "개발 기술을 보급하기 전 효과와 실용성 등을 검증하는 현장 실증과정을 거치면 연구 단계에서 미처 예상치 못했던 문제를 선제적으로 해결함으로써 기술 완성도를 높일 수 있다."라며 "꼼꼼한 과제 추진으로 과수 생육기 이상 저온과 고온, 가뭄 등에 대응해 나가겠다."라고 전했음

5. 감귤

☐ 감귤나무의 생리 생태
  ○ 상순: 여름순 신장이 충실해지고 과실 내부의 조직 완료 시기
  ○ 중순: 잎의 증산작용 활발 시기 및 산과 당이 직접 축적되는 시기
  ○ 하순: 과실 비대 최성기, 뿌리에서 양·수분을 활발히 흡수하는 시기

☐ 태풍·집중호우·일소과 발생 대비
  ○ 여름철 국지성 호우로 감귤원이 침수되는 경우가 많아짐
  ○ 다공질 필름으로 피복되어 있는 감귤원은 비바람에 의해 피복 재료가 파손되거나 걷어지는 일이 없도록 하고 열매가 많이 달린 나무 등은 지주대를 세워 고정해줌
  ○ 침수나 집중호우로 토양유실이 심했던 곳은 장마나 태풍에 대비하여 배수로를 사전에 정비하는 것이 좋음
  ○ 강풍에 부러진 가지는 잘라내고 톱신페스트를 붓으로 발라주어 병원균 침입을 방지함
  ○ 빗물이 모여들어 토양유실이 많은 과원은 간벌나무나 가지를 파쇄하여 피복 하면 좋음
  ○ 바닷가 인근에 재배된 포장에서 바람이 강하고 강우량이 적을 때 바닷물 염분이 감귤 잎에 묻으면 잎 끝부분이 노랗게 되고 갈색으로 변하면서 낙엽이 됨
  - 태풍 통과 후 6시간 이내에 스프링클러나 분무기를 이용하여 10a당 20톤 이상의 물을 잎에 살포하여 염분을 제거함
  ○ 과실 일소 증상은 극조생감귤에서 많이 나타남
  - 8월 중순부터 9월에 걸쳐 햇빛이 강하고 기온이 높으면 토심이 얕고 토양이 건조한 과원과 성목이식과원에서 발생률이 높음

- 일기예보에 관심을 가지고 기온이 높고 맑은날이 계속되면 감귤 나무의 위쪽이나 외곽부분에 달린 과실에서 나타날 수 있어 스프링클러로 한낮에 착과량, 토양특성을 고려하여 30분~1시간 간격으로 5분씩 엽면 살수를 함
- 8월 상순부터 10~15일 간격으로 탄산칼슘 1%를 1~2회 정도 살포함
- 나무의 엽수가 충분하고 열매슈기를 통하여 적정착과가 되도록 하는 것이 일소과 발생을 줄일 수 있음

☐ 후기 적과

○ 효과: 맛있고 착색이 양호한 감귤 매년 생산
 - 과실에 당 집적이 높아 11월에는 관행보다 약 1.0°Bx 높음
  · 중만생 온주는 부피과 발생도 감소
○ 적과 시기: 조생종의 조기 적과는 8월 중·하순에 하고 9월에 마무리 적과
 - 후기 중점 적과와 개화 후의 약전정을 조합하면 착화·결실 안정
 - 매년 꽃과 신초가 균형을 이루어 적과 작업 소요 시간이 조기 적과에 비해 단축

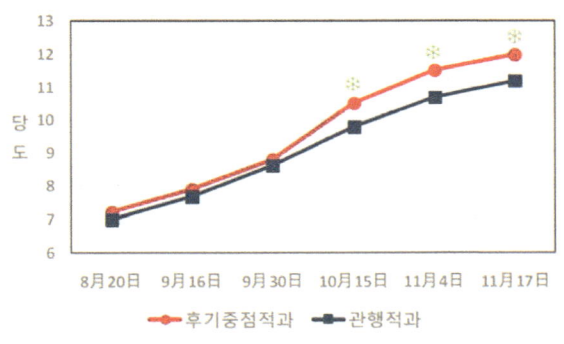

관행   후기

· 9월까지 당도 차이가 거의 없지만 10월에 **빠르게 상승**
· 관행적과 8월 상순에 조적과 50% 9월 상순 나머지 마무리 적과
· 기 중점 적과, 조적과 9월 하순에 일제히 적과

· 후기 중점 적과(우)는 과피색이 짙은 과실이 됨

· 수관 외부 주변에 8월 중순경까지 늘어
  지도록 하여 과피가 매끄럽게 되었을
  때 적과 시작

아래 밀감은 맛이 있음

과피색이 짙고 당도가 높고 맛있는 밀감은 유과기에 상향으로 되어 태양 광선을 충분히 받고 있는 이 시기는 녹색이 짙음

비대와 더불어 자체 무게로 8월 중순에는 늘어짐
옆 이면의 소과, 엷은 녹색 과실을 철저히 적과 함

<후기 중점 적과 방법(조생 온주)>

- 후기 중점 적과와 개화 후 약전정을 통해서 격년결과 완전 해소
- 수량증대, 엽밀도 증가, 밀감 본래의 잠재력을 충분히 발휘
- 후기 중점 적과로 과실과 잎이 더욱더 활동적임

O 착과시킬 위치
- 양지에 달린 과실은 맛있고, 음지에 달린 과실은 맛이 없음
- 수관 외부라도 과경이 굵은 것이나 과피가 거친 것은 식미가 담백
- 늘어진 가지에 달린 것이라도 너무 적으면 상품 가치가 떨어짐
- 잎과 과실의 거리가 떨어지면 광합성산물은 과실로 전류가 어려움
- 활력이 높은 엽군 가까이에 착과시키는 것이 당 집적에 유리
- 과실에 당이 집적되는 10월 이후 수관 내부 온도와 바깥 기온은 거의 비슷함
- 외부는 일사에 의해 엽온이나 과실온이 상승되어 당도 증가에 유리
- 수관 외부 과실은 품질이 좋으므로 남기고, 품질이 낮은 수관 내부 과실은 철저히 적과함
- 수관 외부에서 늘어진 과실 중심으로 착과

○ 후기 적과에 의한 당도 상승
 - 온주밀감의 적과는 7~8월에 조기 적과로 시작하여 마무리 적과 및 수상 선과로 수확기까지 3회 정도 실시함
 - 후기부터 시작된 적과가 과즙의 당도를 높이는 이유로서 열매 달림이 많아지면 잎의 광합성 능력이 높아지고 적과한 과실에 보내게 될 예정의 당이 나머지 과실에 나뉘어서 전해지기 때문임
 - 후기 적과에 의한 당도 상승은 착과량이 많은 나무를 대상으로 하고 착과가 적은 나무에서는 따지 않음
 - 그러나 멀칭재배처럼 자재가 필요하지 않아 비용이 들지 않고 여유 있는 작업이기 때문에 힘이 적게 드는 노력 절감의 낮은 생산비용의 고품질화 재배 방법이라 할 수 있음
○ 적과 시 유의사항
 - 여름·가을 순을 발생시켜서는 안 됨
  · 부지화에서도 여름·가을 순이 너무 많이 발생하면 당이 높지 않음
  · 밀감은 당집적력이 약해서 여름·가을 순의 발생은 당 집적에 마이너스
 - 새잎·오래된 잎(신·구엽)의 균형이 적당한 나무(조생)
  · 조기 적과는 불필요, 7월 중·하순에 전 적과량의 10~20% 정도, 굵은 가지나 곁가지(측지) 직접 착생된 과경이 굵고 과피가 거친 과실을 중심으로 적과
  · 적과는 열매가 달리는 착과량이 많은 나무부터 시작하며, 소과가 많은 경우에는 수관 내부나 늘어진 가지 끝 소과를 적과함
  · 그 외에 다른 과실들은 가능한 적과하지 않고 놔두면 과경이 적당하거나 가늘어지고 과정부가 횡 또는 하향으로 향하여 중소과가 됨
 - 신초 발생이 적은 나무(조생)
  · 오래된 잎 주체의 결과모지에서는 당도 향상이 느리고, 중생에서는 부피 발생
  · 적과가 충분히 이루어지지 않으면 이듬해는 흉작이 됨

- 7월부터 강한 적과하면 토양 건조 후 강우로 여름·가을순이 대량 발생함
- 이런 나무에서는 8월 상·중순까지 적과를 삼감
- 8월까지 무적과로 하면 소과가 될 것으로 예상되지만 모두가 소과로 되지 않음
- 소과 중심으로 우선 적과하고, 착화량이 매우 많은 나무에서는 과감한 적과
- 착과량이 적당하여도 어느 정도 비대가 되어 있는 나무에서는 과경지가 굵은 과실, 상향인 과실, 극소과를 중심으로 반 정도를 철저하게 적과, 여름·가을 순이 발생하지 않도록 주의
- 마무리 적과는 9월에 가서 시작하고, 엽과비는 30 정도로 당도 상승과 부피과 방지를 위해 과정부가 아래쪽으로 향하도록 착과

<먼저 적과 해야 할 과실>

○ 말라죽은 고사지 제거
 - 7월~8월까지 죽은 가지가 발생하므로 조기 적과 하기 전 제거함
 - 죽은 가지도 가지치기 작업의 일부임
 - 죽은 가지가 발생한 부분은 광 환경이 나쁘고 영양 상태가 불량함

병해충 방제
○ 병: 검은점무늬병, 궤양병 중점 방제
○ 충: 볼록총채벌레, 녹응애 중점 방제

□ 하우스 감귤 및 온주밀감 무가온 재배
  ○ 장마가 시작되면 일조 부족으로 과실의 착색이 늦어지고 부피과 등이 발생할 수 있음
    - 장마가 끝난 후 여름철 고온은 감귤나무의 증산작용을 활발하게 하고 뿌리 근처 온도를 높게 함
    - 토양 건조를 오래 하면 세근이 노화되고 죽어서 세근량이 줄어들 수 있음
  ○ 온주밀감 무가온 재배는 여름철 중간단수 기간이 길어지면 수세가 약한 나무는 낙과되고, 잎이 위조되면서 낙엽이 발생할 수 있음
    - 특히 시설 내 암반 지역과 토심이 얕은 곳은 위조현상 발생 시 호수를 이용하여 뿌리 주변으로 소량의 물을 공급하여 주는 것이 좋음
    - 7월 하순~8월 상순경 과실 당도가 8.5 ~ 9.0°Bx가 되면 관수를 시작하고 관수량을 조절하면서 산 함량을 감소시킴
  ○ 7~8월에는 태풍, 집중호우 등 자연재해가 발생하는 시기로 하우스 시설을 사전 점검하여 피해를 최소화하는 것이 중요함
    - 갑자기 정전 시 빨리 환기를 시켜 시설 내 온도를 낮춰 잎이 타거나 일소과 발생이 없도록 해야 함

□ "잎에도 유용 성분 풍부" 감귤 버릴 게 없네
(보도자료: 2024.07.19. 농촌진흥청)

  ○ 지난 2022년 감귤잎이 제한적 식품 원료 목록에 등재되며* 침출차**로 사용할 수 있는 법적 근거가 마련됐음
    - 농촌진흥청은 열매 못지않게 감귤잎에도 항산화 작용을 하는 플라보노이드 성분이 풍부하다는 분석 결과를 내놨음

<온주밀감 잎>

* 농촌진흥청은 2021년부터 농가 요구에 따라 감귤잎의 식품원료 등재를 위해 식품의약품안전처의 심의를 거쳐 2022년 10월 식품공전에 '식품에 제한적으로 사용할 수 있는 원료'로 등재되는 성과를 달성. 제한적 식품 원료는 식품사용 조건에 조건이 있는 식품 원료로 감귤잎의 경우 침출차로만 사용 가능
** 침출차란 식물의 어린싹이나 잎, 꽃, 줄기, 뿌리, 열매 또는 곡류 등을 주원료로 하여 가공하는 것으로써 물에 침출하여 그 여액을 음용하는 기호성 식품을 말함 (식품공전, 제5 식품별 기준 및 규격)

○ 연구진은 봄에 채취한 온주밀감*과 만감류** 잎을 깨끗이 세척하고 건조한 뒤 70% 에탄올로 잎 추출물을 만들어 플라보노이드 성분을 분석했음

* 온주밀감은 감귤 생산량의 70% 이상을 차지하는 품종으로 껍질이 얇고 벗기기가 쉬운 특징이 있음. 보통 수확시기가 10월 말~12월 말임
** 만감류는 수확시기가 해를 넘겨 1월 이후인 감귤을 말하며 부지화(한라봉), 감평(레드향), 천혜향 등이 있음

○ 그 결과, 온주밀감 잎 추출물 100그램(g)에는 헤스페리딘 3,875mg, 루틴 904mg, 나린진 385mg이 함유된 것을 확인했음

- 만감류인 부지화(한라봉) 잎 추출물 100그램(g)에는 헤스페리딘 3,481mg, 루틴 730mg, 나린진 103mg이 들어있었음
- 다른 만감류 감평(레드향)에는 헤스페리딘 5,276mg, 루틴 429mg, 나린진 57mg이 함유돼 있었음
- 헤스페리딘, 루틴, 나린진은 모두 플라보노이드 성분의 하나임
  · 특히 쓴맛을 내는 성분으로 지방 대사 개선과 동맥경화 예방 효과가 보고된 나린진은 감귤 껍질*에는 아주 미미했지만, 잎에는 많이 함유된 것으로 나타났다. 헤스페리딘과 루틴은 껍질의 40~60% 정도만 잎에 들어 있었음

* 감귤의 플라보노이드 성분은 과육보다 귤피차 등으로 쓰이는 껍질에 많음. 이에 껍질과 비교 실험함

○ 연구진은 감귤잎에서 향기 성분을 검출하고 분석해 허브처럼 향긋한 감귤향을 유발하는 리모넨, 감마 터피넨, 감마-3-카렌 등을 확인했다고 덧붙였음

<건조한 감귤잎>

○ 농촌진흥청은 감귤잎의 식품 등재와 성분 분석을 바탕으로 침출차 개발 등 산업적 활용성을 높이는 데 힘을 보탤 계획임

○ 농촌진흥청 국립원예특작과학원은 "감귤잎이 식품 원료로 등재되면서 감귤은 열매, 껍질, 꽃, 잎까지 버려지는 것 없이 모두 식품 원료로 쓸 수 있게 됐다."라며 "유용 성분이 풍부한 감귤잎의 활용 방안을 찾고 유자잎과 레몬잎의 식품 원료 등재도 추진해 감귤 산업 확대를 지원하겠다."라고 전했음

감귤잎의 유용 성분 분석 결과

<품종별 감귤잎 추출물의 플라보노이드 함량>

Content (mg/100g, 70% 에탄올추출물)	루틴	나리루틴	나린진	헤스페리딘	노빌레틴	탄제레틴
온주밀감	900.5±42.1	87.4±5.6	385.1±19.2	3,875.7±184.4	25.1±1.9	6.68±0.5
부지화(한라봉)	730.2±40.3	99.1±51.1	102.7±8.8	3,481.3±140.9	155.4±9.2	127.7±6.3
감평(레드향)	429.1±21.9	130.7±4.9	56.8±3.5	5,276.3±210.8	181.2±6.6	206.3±12.1

* 채취 시기와 분석 방법에 따라 함량이 달라질 수 있음

헤스페리딘   루틴   나린진

<감귤잎에 함유된 플라보노이드>

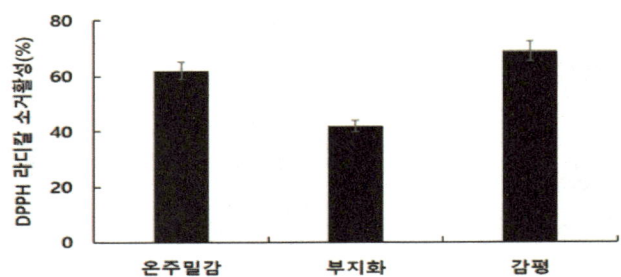

<감귤잎 추출물의 항산화 활성(추출물 농도 500ug/mL에서의 DPPH 소거 활성(%))>

<품종별 감귤잎의 향기 성분>

PK	RT	Qual	Library/ID	향기성분 함량(%)		
				온주밀감	부지화	감평
1	9.1856	95	베타 피넨 (β-Pinene)	2.1995	9.4927	-
2	9.7751	94	베타 미르센 (β-Myrcene)	0.4442	0.9253	-
3	10.8906	97	1-메틸-2-이소프로필 벤젠 (1-Methyl-2-isopropylbenzene)	16.0021	-	5.4005
4	10.9995	90	리노넨 (dl-Limonen)	5.0605	0.8585	0.694
5	11.9207	98	베타 오시멘 Y (β Ocimene Y)	4.4293	2.627	-
6	12.4243	96	감마 터피넨 (γ-Terpinene)	29.2893	1.4756	14.6887
7	13.191	98	알파 터피놀렌 (α-Terpinolene)	-	0.229	-
8	13.2939	96	파라-알파-디메틸 스틸렌 (ρ-α-dimethyl styrene)	4.7816	-	6.4348
9	14.4098	96	감마-3-카렌 (δ-3-Carene)	-	62.9366	49.8226
10	19.2676	96	베타 엘레멘 (β-Elemene)	7.7606	-	-
11	19.5309	99	트랜스 베타 카리오필렌 (trans-β-Caryophyllene)	9.0233	5.2124	-
12	19.7999	99	알파-휴무렌 (α-Humulene)	1.8573	-	-
13	20.1604	95	알파-구르주넨 (α-Gurjunene)	2.0762	7.8781	-

감귤잎을 식품 원료로 활용한 역사적 기록

- 조선 후기 농업 생활을 담은 농정회요*에는 감귤잎을 잘 말려 차로 우려먹었다는 기록이 있음
- 조선 최대 생활실용서인 임원십육지**에는 귤잎의 즙을 이용해 떡을 만들어 먹었다는 기록이 있음
- 동의보감에는 감귤잎이 가슴으로 치미는 기를 내려가게 하고 간의 정기를 잘 돌게 한다는 기록이 전함

  * 조선 후기 1830년대 실학자 최한기가 농촌 생활 전반에 걸친 내용을 수록한 농업서
  ** 조선 후기 1835년경 서유구가 지은 농림의학 생활 백과

6. 단감

☐ **햇볕데임(일소) 피해 예방**

○ 일소는 7~8월 기온이 32℃ 이상일 때 많이 발생함
  - 과실 표면온도가 양광면이 음광면보다 10℃ 이상 높을 때 발생이 많음
    · 나무 남쪽 및 서쪽 부분에서 많이 발생하며 여러 날 동안 구름이 끼거나 서늘하다가 갑자기 햇빛이 나고 따뜻해질 때 발생이 많음
  - 가지가 늘어져 과실이 높은 온도 또는 강한 광선에 노출되거나 과다 착과 또는 수세가 약한 나무에서 일소 발생이 증가함
    · 특히 수분 스트레스를 받는 나무는 과실 표면과 과육 온도가 정상 대비 높은 것이 일소의 원인임

○ 일소 주요 증상
  - 태양광에 직접 닿은 면이 흰색 또는 엷은 노란색으로 변하며, 더욱 진전되면 과피가 갈색으로 변하거나 시일이 지남에 따라 엷은 색으로 퇴색함
    · 심할 경우 피해부에 탄저병 등이 2차적으로 감염 및 부패
  - 피해 과실은 정상과 대비 경도·당도는 높으나 저장 중 빠르게 무르는 경향임

○ 피해 방지 대책
  - 과실이 직사광선을 받지 않도록 가지 배치
  - 엽과비에 맞는 열매솎기로 과다 착과 방지
  - 초생재배를 통한 직사광선 흡수해서 낮춤
  - 적정 관수로 수분스트레스 방지
    · 30~32℃ 이상에서는 수분 상부 살수(미세살수장치 과원 등)
  - 탄산칼슘 및 카올린 살포
    · 살포 후 강우가 적으면 수확 때까지 과실에 흔적이 남으므로 주의

□ 토양수분 관리
  ○ 장마철 토양수분
   - 우리나라 과수원 토양은 장마철 잦은 강우로 인하여 지하수위가 높아질 우려가 큼
   - 기존의 성목 과수원은 산지 과수원이 많은 편이나, 최근에 식재된 과수원은 지형적으로 산기슭 하단부 밭이나 논에 식재된 경우가 많아 연중 토양 수분함량이 높은 경우가 많음
   - 장마 기간에는 과습한 환경으로 뿌리 근처 산소가 부족하여 뿌리의 활력이 떨어지고 양·수분의 흡수가 저해되어 생육이 불량해지고, 수분 스트레스로 후기 낙과가 증가하거나, 일소과 발생이 심해짐
   - 따라서 장마기에 비가 자주 올 때는 되도록 수관 하부에 짚이나 피복물이 없도록 관리하는 것이 좋으며 과수원 표층에 물이 고이지 않고 배수가 잘되도록 배수로 정비를 해 주어야 함
   - 경사가 5% 이상인 과수원은 토양 침식이 우려되므로 초생재배를 하는 것이 좋음
  ○ 습해와 배수
   - 우리나라 강우량 대부분이 6~8월에 편중되어 배수가 불량한 과원 특히 답전환 과원에서는 장마가 아니라도 토양이 과습 상태가 될 수 있으므로 지표면에 경사를 주어 표면 배수를 촉진하고 수직배수가 불량한 과원은 암거배수 등 심토층의 투수성 개선 방법을 마련해야 함
   - 뿌리의 양호한 생리작용을 위해서는 토양 중의 산소농도가 10% 이상이 되어야 하고 산소농도가 1~2% 이하일 경우에는 뿌리가 고사하게 됨
   - 장마 중 배수가 불량한 경우에 뿌리가 산소 부족으로 장해를 받아 활성이 떨어지면 양·수분을 흡수하는 역할을 제대로 할 수 없어

장마 후 맑은 날 잎이 시들거나 신초 선단이 말리는 등 수분 부족 현상이 나타나고 심하면 잎의 선단부 또는 잎의 한쪽이 흑갈색으로 괴사하는 엽소 현상이 발생하여 과실의 생육에 지장을 줌

병해충 방제

○ 탄저병
- 잎 새 가지, 과실에 주로 발생하며 처음 새 가지는 까만 반점이 생기고 병반은 가지 아래위로 길게 확대되어 암갈색의 타원형 병반이 되며 움푹하게 들어가고 그 부위가 세로로 쪼개짐
  · 병반 위에 흑색의 포자층이 생기며, 과실이 적을 때 발생하면 피해 과실은 꼭지를 남기고 낙과되며 가을에 발생하면 피해과는 일찍 붉어지며 낙과함
- 전년도 병든 가지 및 과실이 전염원임
  · 토양 표면 낙엽에서 월동하므로 병든 낙엽 제거로 전염원 밀도 저감
- 봄철 강우 시 새 가지에 발생
  · 전년도 탄저병 발생이 많은 과원은 이 시기 예방 위주로 살포하는 것이 안전함
  ※ 5~6월 잦은 비는 어린 가지 및 과실 발병을 심화시키고 9~10월 잦은 비는 과실 발병을 심화시키며, 8월 웃자람가지에 생긴 병반은 반드시 제거함
- 탄저병은 가지 자체 피해보다 감염 가지에서 병원균이 과실로 전파되어 큰 피해를 주므로 발병 가지는 속히 제거하여 소각 또는 매몰함
- 둥근무늬낙엽병과 흰가루병 동시 방제가 가능한 약제사용이 효율적임

〈탄저병 병징〉

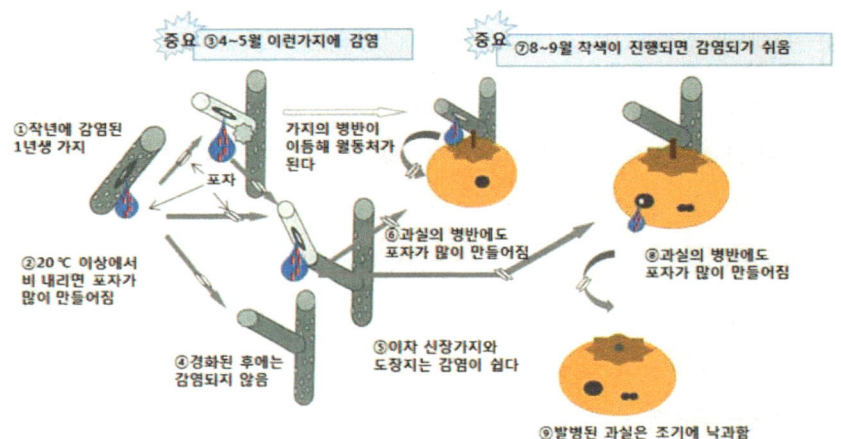

<탄저병균의 생활과 감 생육 상황>

○ 흰가루병
 - 5월부터 수확기까지 잎에 발생하고 심하면 낙엽이 되며 과실 비대를 억제함
 - 어린잎에서는 뒷면에 하얀 균사가 나타나고 잎맥이 흑갈색으로 변하며, 잎 앞면에는 흑색의 작은 반점이 형성됨
 - 발병이 진전되면 서로 겹쳐 불규칙한 병반을 형성하며, 심하면 잎 전체가 말라 일찍 낙엽 됨
 - 5~6월경 비가 많이 오고 여름철 기온이 서늘한 해에 발병이 많으며, 질소질 비료 과용으로 세력이 강한 나무에 피해가 크고 통풍과 채광이 나쁜 과원에서는 후기 발병이 특히 심함
 - 방제는 전염원인 병든 낙엽과 박피한 거친 나무껍질은 모아서 태우거나 땅속에 묻음
 - 통풍과 채광을 좋게 하고, 질소비료 과용으로 무성하게 자라지 않도록 함

- 피해가 컸던 과수원은 병이 처음 발생하기 전인 5월 상순부터 약액이 잎 뒷면까지 충분히 묻도록 방제해야 함
○ 감꼭지나방
- 연 2회 발생하며, 줄기나 가지 사이 또는 거친 껍질 밑에서 고치를 만들고, 그 속에서 유충으로 월동함
- 1세대 유충 기간은 30일 정도이고 번데기 기간은 약 10일, 2세대 성충이 산란한 알은 1세대보다 짧은 4~5일 만에 깨어나 애벌레가 됨
- 남부지방에서 1화기 성충 발생 최성기는 6월 상·중순 무렵에 해당하고, 2화기는 8월 상순경임
- 방제법으로는 겨울철 전정과 동시에 거친 껍질을 벗겨 내어 서식처를 없애야 함
- 약제 살포는 페로몬 예찰 결과를 활용하여 1, 2화기 성충 발생 최성기인 6월 상·중순, 8월 상·중순에 2~3회 전문 약제를 살포함
○ 깍지벌레
- 주머니깍지벌레는 알로 월동하며, 연 2회 발생하고, 1회 부화는 6월 중순, 2회 부화는 8월 하순 무렵이며 부화 약충은 새가지나 잎으로 이동해서 정착함
 · 8월 이후부터 과실 수확기에 많이 발생함
 · 방제는 부화 시기 및 1~2령의 약충 활동기에 약제를 살포함
- 뿔밀깍지벌레는 가지, 잎, 과실 즙액을 빨아 먹어 나무 세력이 약화되고, 심할 경우 고사 되며 배설물로 감로를 분비하여 그을음병을 유발함
 · 9월~10월 성충이 되어 차나무, 감나무 등에 많이 기생하고 월동함
 · 방제는 월동 이후 조피제거작업, 성충을 제거하고, 기계유유제를 살포함
- 식나무깍지벌레는 단감의 줄기, 잎, 과실에 발생하여 직접 가해하는 중요 해충임

- ・감에 포괄적으로 적용할 수 있는 깍지벌레류나 주머니깍지벌레 방제용 살충제 중 적용 약제를 살포함
- ○ 노린재는 과원 주변에 참깨, 콩, 아카시아 등 기주식물이 있으면 피해가 심함
 - 노린재 피해가 심한 과원은 10일 간격으로 주기적인 약제 살포가 필요함
- ○ 또한 해에 따라 담배거세미나방, 응애류와 같은 돌발 해충 발생도 심하므로 주의 깊게 관찰하여 방제하여야 함
- ○ 낮 온도가 높으므로 약해가 발생하지 않도록 약제 선택 및 살포 시기에 유의해야 하며, 농약안전사용기준을 잘 지켜서 방제함

Ⅲ. 화 훼

1. 국 화

▢ 국화 재절화 재배

○ 한번 절화한 개화 모주에서 새로 나오는 싹이나 동지아를 이용하여 다시 절화하는 방법으로 11월에서 2월에 걸쳐 절화한 모주를 이용하여 3~6월에 재절화(2회 절화)하는 것이 대부분이며, 재절화한 모주에서 다시 절화하는 3번 절화 재배도 있음

○ 재절화 재배법의 장점
 - 모주 관리, 생육, 정식 등이 1회만으로 노동력 절감 효과가 있음
 - 재절화의 단가가 비교적 높고, 안정되어 있음

○ 재절화 재배법의 단점
 - 난방비가 많이 소요됨
 - 개화 후 포기의 가지 정리에 노력이 많이 듦
 - 가지의 발생이 고르지 않아 품질이 저하됨

○ 재절화 재배법의 핵심은 앞 작물부터 8.5개월간 동일한 베드에서 재배하기 때문에 토양조건이 좋은 포장을 이용하고, 전작을 무적심으로 재배하는 것도 재절화 재배를 성공시키는 조건임

○ 재절화 재배법의 장점은 3회 재절화 재배의 경우 작기마다 정식하는 작형에 비해 400여 시간 노동력이 절감되어 이러한 재절화 재배가 주요 재배법으로 자리 잡고 있음

○ 전작의 재배
 - 11월 출하 후주는 3월 출하, 12월 출하 후주는 4월 출하, 1월 출하 후주는 5월 출하, 2월 출하 후주는 5월 하순부터 6월 상순 출하가 됨
 - 정식은 2줄 심기 또는 4줄 심기하고, 하우스 내 환기와 광선의 투과를 촉진하여 뿌리의 발달을 좋게 관리함
 - 전작(1회 절화)은 일반재배와 동일하고, 2회째의 절화를 고려해 무적심 재배를 하는 것이 좋고, 토양 관리도 유기물 위주의 심경(깊이갈이)으로 지력을 높임

- 1회 채화 시에는 수확 기간 중간부터 건조하지 않도록 관수하고 절화가 끝나면 모주를 정리함
○ 정지 작업
- 전작이 끝난 후, 바로 지표면 5cm 위에서 줄기를 잘라주고 북주기 함
- 가온 후 10cm 정도 신장하였을 때 생육이 좋고 가지런한 것을 모주당 2본 전후로 정리하고, 이 시점에서 남겨둔 모주를 정리
  · 이후 줄기가 25~30cm(소등 시) 되면 3.3m^{2}당 160~170본 정도 되게 정지를 함
○ 일장 처리
- 전조는 11월과 12월에 1차 절화한 것은 가온 개시와 동시에 하고, 1월과 2월에 1차 절화한 것은 수확이 전체의 반 정도 진행된 시점부터 시작함
  · 1차 절화 시 절반 정도 수확되면 전등 조명으로 장일처리함
  · 전등 조명 시간은 3~4시간이지만, 이보다 길면 생육 촉진 효과도 기대할 수 있으므로 5시간을 하는 예도 있음
  · 소등 시기는 줄기의 길이가 35~40cm 때로 보통 전조 개시 35일 전후임
  · 1월에 1차 절화한 것은 3월 상순에 소등하며 중순 이후는 자연 일장이 길어져 개화 때까지 차광(단일)함
  · 2월에 1차 절화한 것은 3월 중순 이후에 소등하며 소등과 동시에 차광하고 차광은 오후 6시부터 다음 날 아침 7시까지 11시간 일장으로 하고 야간에는 차광비닐을 벗겨줌
  · 이 작형에서는 재 전조가 필요 없음
○ 온도 관리
- 전작을 마친 후, 11월 절화한 것은 4~5주간 하우스를 개방하여 자연저온을 경과시킨 후에 가온하고, 12월 출하 작형에서는 무가온으로 재배하였으면 저온을 필요로 하지 않으나, 약간 가온하여 재배한 경우는 2주간 정도의 저온을 받는 것이 그 후의 생육에 좋고, 1월 및 2월 출하 주는 저온을 경과하지 않아도 양호함

<재절화 재배의 경과(예: 수방력)>

작형	월	11월	12월	1월	2월	3월	4월
3월 중하	작형		심야4시간전조			재전조	
			1차절화				2차절화
	야간 온도(℃)	자연저온	15	16		15	
			18~20	18		14	
4월 중하	작형		심야4시간전조			재전조	
			1차절화				2차절화
	야간 온도(℃)	자연저온	15	16		15	
			18~20	18		14	

- 가온 개시 전에 충분히 관수한 후 18℃로 2주간 가온하며, 지베렐린처리에 의해 로제트를 타파함
· 18℃로 2주간 관리한 후 14℃로 관리하고 화아분화기에는 소등 1주 전부터 소등 3주 후까지 17℃를 유지하여 확실히 화아분화를 시킴
· 그 후에는 13℃로 관리하여 주간의 온도는 초기(초장 15~20cm)까지는 로제트 타파, 생육 촉진을 위해 30℃까지 올린 후에는 25℃ 이하로 관리함

○ 가지의 정리
- 가지는 동지아(지하줄기에서 발생), 지제부에서 발생하는 중아(中芽) 및 지상의 줄기에서 발생하는 상아(上芽) 등 3가지가 있고, 동지아는 버들눈이 되기 쉽고, 절화 후의 물 올림이 나쁘며, 상아는 화아분화가 대체적으로 순조롭게 진행되지만 포장 전체가 균일하기는 어렵고 가지가 부착된 부분이 찢어지기 쉬우며, 중아는 위의 두 가지 방법의 결점을 보완하여 비교적 재배하기 쉬운 방법이며, 재절화는 중아를 기준으로 가지를 정리하는 것이 좋음
· 중아 발생의 좋고 나쁨은 전작 모주의 충실도(토양 조건)와 생육기간(정식부터 소등까지의 기간: 50일 전 후)에 영향을 받아 55일 보다 길면 가지의 가지런함이 나빠짐

○ 시비
- 기비는 전작의 비료가 잔류되어 있으면 시용하지 않고 추비를 주로 하고, 추비는 1회 정지 시와 발뢰시에 2회로 하여 보통 10a당 질소 성분을 6~7kg 시용하며, 다만 발뢰기의 시용은 생육 상태를 보아 판단함
 · 또한 기비가 필요하다고 생각될 경우에는 전작을 마친 후 10a당 질소 성분 7kg을 북주기와 병행하여 시용
○ 지베렐린 살포
- 로제트 타파 및 초장의 신장 촉진을 위해 지베렐린을 2회 살포하고, 살포 시기는 가온 개시 1~2일 후와 그 후 7~10일 후임
 · 1회째는 75~100ppm, 2회째는 75~50ppm을 각각 10a당 80L씩 살포함
 · 생육이 불균일할 때는 초장 20~25cm 무렵 지베렐린 25ppm을 살포함

☐ **이산화탄소(CO_2) 시용**
○ 탄산가스 사용의 효과
- 국화 '수방력'에 대한 CO_2 시용 효과는 12월 출하부터 4월 출하까지의 작형에서 효과가 크며, 줄기의 길이나 엽수의 증가보다는 중량의 증가가 높고 특히 뿌리의 중량 증가가 매우 크기 때문에 뿌리가 광합성 산물의 축적기관으로 작용하는 것 같음
- 뿌리 중량의 증가는 양분과 수분의 흡수면에서 생육에 미치는 영향이 클 것으로 생각됨

<국화의 CO_2 시용효과>

구분	CO_2농도(ppM)	효과(%)	구분	CO_2농도(ppM)	효과(%)
줄기길이	1,000~1,500	109~137	개화율	900	111
엽수	900~1,200	102~111	개화기	-	1주 빠름
생체중	900~1,500	107~148	절화수명	900	4일 연장
엽면적	1,200	116	소화수	900	최대 114

○ 탄산가스 시용 시기
 - 일사량이 가장 부족한 겨울에는 기온이 낮아 일출 직후부터 환기를 시키기는 어려운 실정임
 - 그러나 국화는 3,000Lux 이상의 밝기가 되면 광합성을 시작하고 그 후 광량 증가에 따라 직선적으로 증가하므로 밀폐된 시설 내에서는 CO_2가 부족 됨
 - 일출 전 시설 내 CO_2농도는 400~600ppm이고 퇴비 등의 유기물을 다량 투여한 경우 800ppm 정도가 되며, 광합성 개시 후 급격히 CO_2농도가 감소하기 때문에 맑은 날은 일출 30분 후부터 환기를 개시할 때까지 2~3시간 정도 CO_2를 시용함
○ 탄산가스 농도
 - 국화는 광합성 속도가 1,200ppm 정도에서 최대가 되므로 1,000~1,200ppm을 적정 농도로 보고, 2,000ppm 이상의 농도는 품종에 따라 잎에 황화 현상이나 괴사 증상을 나타나는 경우가 있음
○ 광 조건
 - 국화는 10,000~40,000 Lux(동계의 일사량 범위)에서 광량이 증가하여도 CO_2포화점의 상승은 인정되지 않으며 맑거나 흐린 날을 구별치 않고 일정한 농도를 유지하는 것이 좋음
○ 온도 조건
 - 20℃에서 최대의 광합성 속도를 나타내며 25℃부터는 온도가 올라감에 따라 감소하며, CO_2의 농도가 높을수록 감소 경향이 있어 25℃를 기준으로 적절히 환기토록 해야 함
○ 생육단계와 시용 시기
 - 생육 후기에는 생육 초기에 비해 높은 CO_2농도에서 광합성 속도가 저하됨
 - 따라서 건물중을 증가시키려면 생육 초기에 CO_2를 시용하는 것이 효과가 높음

- 정식 후부터 개화기까지 CO_2의 시용 시기가 길수록 절화 중량은 비례적으로 증가하고 생육 초기의 시용은 줄기 신장에, 후기 시용은 꽃봉오리의 발달과 꽃잎의 신장에 크게 작용함
○ 탄산가스 발생원
- CO_2 발생원은 순수 CO_2 가스 외에 등유나 프로판가스, 천연가스를 연소시켜 발생시키는 방식이 도입되어 있음
- 그러나 과거 연소식을 도입한 농가 하우스에서 불완전 연소에 의한 유독가스가 발생하여 국화잎이 황화, 고사하는 사례도 있었음

□ 국화 '백강' 고온기 안정생산을 위한 최적 양액재배 조건

(영농활용: 2024. 국립원예특작과학원)

○ 배경
- 비료 가격 급등 등 경영비 증가와 여름철 고온으로 인한 절화 품질 저하로 인해 국화 재배 농가의 어려움이 커지고 있음
- 관행 펄라이트 단용 배지는 공극이 많아 보비성이 낮고, 온도 변화에 대한 완충능력이 거의 없어 다른 소재와의 혼합을 통한 배지 물리성 개선이 필요함
○ 개발된 영농기술정보
- 국화 '백강' 여름재배 시 급액량·배지 종류별 생육 및 개화 특성 비교
· 펄라이트 단용배지 대비 상토혼합 배지에서 초장, 화폭 등 절화 품질 우수
· 개화소요일수는 펄라이트 3호 배지와 급액량이 적은 상토 20% 혼합배지에서 102~103일로, 다른 처리 대비 2~5일 개화가 빨랐음
· 펄라이트 1호 대비 상토혼합배지는 토양수분함량이 평균 2.4~4.2배 높고, 배지 온도는 약 1~2℃ 더 낮음

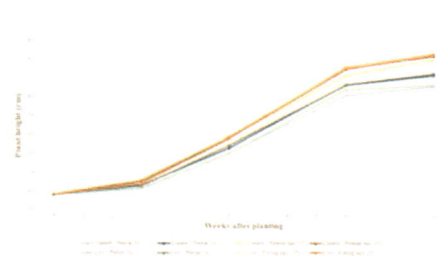 

〈급액량과 배지 종류에 따른 초장 변화〉   〈급액량과 배지종류에 따른 '백강' 개화 모습〉

○ 파급효과
 - 국화 고온기 양액재배 시 펄라이트 단용 배지를 대체할 배지를 선발함으로써 생산비를 절감하고, 절화 품질을 향상시킬 수 있음

2. 실내공기 정화 식물

☐ 정화 식물의 기능성

○ 화훼식물의 환경적 기능에는 오염물질 제거에 의한 공기정화, 식물에서 방출하는 음이온·향 등에 의한 환경개선, 실내 온도의 급속한 변화 및 온도 조절 효과, 건조한 실내에서의 공중 습도 제공, 풍향 및 풍속의 조절, 소음 경감 및 음향 조절, 녹지효과로 인한 시각적 안정성 도모 등이 있음

○ 도시의 공기는 실내외를 막론하고 심하게 오염되어 있음

○ 미국 환경부는 현대인의 건강을 위협하는 5대 요인 중 하나가 실내 공기라고 규정, 현대인은 하루 일과 중에 90% 이상을 실내에서 생활하며, 하루에 20~30kg 정도의 공기를 흡입하므로서 실내공기가 실외 공기보다 현대인의 건강에 더 위협적임

○ 원예식물은 공기정화 능력이 뛰어나며, 특히 실내공기 정화는 원예적 접근과 효과를 확인할 수 있는 분야임

○ 식물의 실내공기 정화 원리

 - 첫째, 잎과 근권부 미생물의 흡수에 의한 오염물질 제거인데 잎에 흡수된 일부 오염물질은 광합성의 대사산물로 이용되어 제거되고, 화분 토양 내로 흡수된 오염물질은 근권부 미생물에 의해 제거됨

 - 둘째는 음이온·향·산소·수분 등 다양한 식물 방출 물질에 의해 실내 환경이 쾌적해지는 것으로 잎에 광량을 높이면 광합성 속도가 증가해 제거 능력이 높아지고, 화분으로 실내 오염물질을 자주 처리할수록 근권부에 관련 미생물이 증가해 제거 능력이 우수해짐

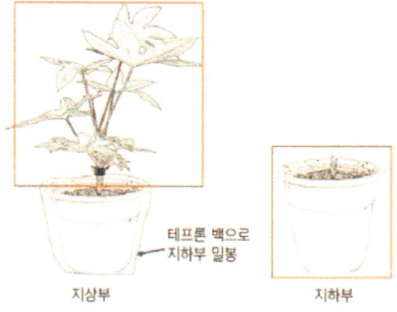

	지상부:지하부
낮	52:48
밤	10:90

<화분의 지상부(잎, 줄기)와 지하부(뿌리, 토양)의 낮과 밤 동안에 포름알데히드 제거 비율 및 실험 과정>

○ 식물 흡수에 의한 실내공기 정화
- 포름알데히드
 · 포름알데히드는 각종 건축자재나 가구류의 방부제나 접착제 등에서 많이 발생하며 새집증후군의 주요 원인물질로 알려져 있음
 · 실내식물에 의한 포름알데히드 제거는 기공을 통해 흡수되어 포름산으로 전환되고, 포름산은 다시 이산화탄소로 전환되어 광합성 과정인 캘빈 회로를 통해 당·유기산·아미산 등으로 전환됨으로써 무독화됨
 · 결국 흡수된 포름알데히드(HCHO)의 탄소(C)는 이산화탄소(CO_2)처럼 대사산물로 이용됨으로써 제거되고 또한 근권부 미생물의 영양원으로 이용되어 제거됨
 · 포름알데히드 제거 능력은 양치류가 가장 우수하고, 그 다음이 허브식물, 그리고 자생식물과 관엽식물이었음
 · 가장 우수한 식물은 고비, 부처손(셀라지넬라) 등 이었으며 가장 낮은 식물에 비해 약 60배 높았음
 · 관엽식물 중에서는 디펜바키아가, 지피식물에서는 부처손이 우수했음

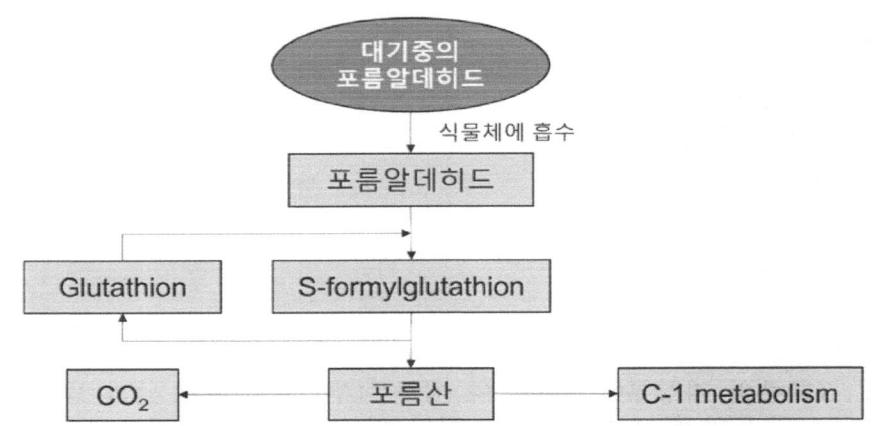

<포름알데히드가 식물체 내에 흡수된 후 제거되어 무독화되는 과정>

- 휘발성 유기화합물
  · 휘발성 유기화합물(VOCs: Volatile Organic Compounds)은 실온에서 액체로 휘발하기 쉬우며 피부에 잘 흡수되는 성질을 가지고 있고, 특히 새집증후군의 주요 원인물질로 알려져 있음
  · 건축재료·세탁용제·가구류·카펫접착제·페인트 등에서 주로 방출되며 벤젠·톨루엔·자일렌 등이 대표적인 물질로 실내에서 300~400종류가 검출됨
  · 휘발성 유기화합물 제거 능력이 우수한 식물은 아레카야자, 스파티필럼 등이 있음
- 일산화탄소
  · 일산화탄소는 요리할 때 불완전 연소로 인해 발생하기 때문에 사무공간보다는 일반 가정에 많은 무색·무취의 기체이며, 호흡기관에 들어가 적혈구의 산소운반 능력을 저하시켜 두통·구토감·호흡곤란을 일으키며 심하면 사망함
  · 스킨답서스, 안스리움, 돈나무, 클로로피텀, 쉐플레라, 백량금 등이 일산화탄소 제거 능력이 우수한 식물임

스킨답서스　　　　　안스리움　　　　　클로로피텀

<일산화탄소 제거 능력이 우수한 실내식물>

○ 식물 방출 물질에 의한 실내공기 정화
 - 음이온
  · 인간은 산소(O_2)와 동시에 산소 분자에 있는 음이온($O_2^-(H_2O)n$)을 흡입함으로써 건강을 유지하고, 인간은 숲에서 살아오는 과정에서 숲의 음이온 양($1cm^3$당 400~1000개, 평균 700개)에 신체가 이온 균형을 유지하도록 적응해 왔음
  · 그러나 산업화 이후 도시화 되면서 대기가 오염되었고, 오염물질은 대부분 양이온으로 대전 됨으로써 음이온의 비율이 낮아졌음
  · 자연 상태와 가까운 환경에서는 공기 중의 음이온과 양이온의 비율이 1.2:1 정도이며, 이에 비해 도시 지역이나 오염지역 등은 1:1.2~1.5로 양이온 비율이 높은 것으로 알려져 있음
 - 음이온 생성
  · 음이온은 $1cm^3$당 약 30조 개 정도의 대기 분자 중에서 자외선, 우주선이나 지각에서 발생한 각종 방사선에 의해 1만 개 이하의 극히 일부 분자에서 전자가 튀어나와 이온화되는 과정에서 생성됨
  · 튀어나온 전자는 대기의 78%를 이루고 있는 질소(N_2)에 붙을 확률이 높지만, 21%를 구성하고 있는 산소의 전자 친화력이 질소보다 100배 정도 높으므로 일반적으로 산소 분자가 음이온이 되고 질소가 양이온으로 대전 됨
  · 또한 물 분자가 H+와 OH-로 분해되고 OH-에 물 분자가 결합된 OH-(H_2O)n 형태로 대전되는 것으로 알려져 있음

- 그리고 숲속은 식물의 광합성작용과 증산작용에 의해 산소와 물 분자가 많아 음이온이 많음
- 음이온 효과
- 실내에서 음이온의 효과는 크게 두 가지로 요약되는데 첫째, 음이온의 전기적 특성에 의한 오염물질 제거로 미세먼지나 화학물질 등 오염물질은 양이온으로 대전되어 서로 밀어내며 공기 중에 떠다니게 되며, 이때 음이온이 공급되면 오염물질은 전자를 얻고 안정화되어 땅으로 떨어짐으로써 제거되며 둘째, 피부와 호흡을 통해 몸속으로 들어간 음이온에 의한 신진 대사 촉진 효과로 현대인은 양이온이 많은 생활환경에 노출됨으로써 각종 질병이나 스트레스에 시달리고 있어 충분한 음이온 공급으로 신체의 이온 불균형에 대한 문제 해결이 필요함
- 식물의 음이온 발생
- 음이온 발생량은 식물 종류별로 차이가 있으며, 공간에 약 30% 정도 화분을 두면 공기 $1cm^3$당 100~400개 정도 발생함
- 음이온이 많이 발생하는 식물은 팔손이나무, 스파티필럼, 심비디움, 광나무 등으로 대체적으로 잎이 크고 증산작용이 활발한 종임

팔손이　　　　　스파티필름　　　　　심비디움

<음이온이 많이 발생하는 식물>

- 향(피톤치드)
- 피톤치드(phytoncide)는 식물을 의미하는 피톤(phyton)과 죽인다는 의미를 갖는 치드(cide)의 합성어로 허브의 잎 등에서 나는 냄새를 향이라고 부르지만, 수목에서의 향은 피톤치드라고 말함

- 향의 효능은 쾌적감과 소취·탈취 효과, 항균·방충 효과로 크게 3가지로 구분할 수 있으며, 성분은 테르펜류와 같은 휘발성 물질과 알칼로이드·플라보노이드·페놀성 물질 등 비휘발성 물질도 포함함
- 피톤치드의 치드(cide)에서 추측할 수 있듯이 균을 죽이는 항균 효과가 있어 실내 부유세균의 수를 줄여 실내 정화 효과가 있음
- 또한 일부 향은 스트레스 호르몬인 코티졸(cortisol)의 농도를 감소시켜 스트레스를 완화하는 효과가 있음

- 실내 온·습도 조절
  - 식물 기공을 통한 증산이나 식재 용토 표면으로 증발하는 수분에 의해 실내 습도가 조절됨
  - 실내에 식물을 공간 대비 9%를 두면 약 10%의 상대습도가 증가함
  - 대기가 건조하면 증산과 증발량이 증가하고, 습하면 감소하는 자기조절(self-control) 능력이 있음
  - 증산으로 형성되는 공중 습도는 완전한 무균상태로 화분으로 장식하면 공기 중 습도가 높아지는데 잎의 기공을 통한 증산작용이 약 90%, 토양 증발에 의한 것이 약 10%로 대부분 증산작용에 의해 높아짐

- 미세먼지
  - 입자의 직경에 따라 $2.5\mu m$ 미만의 미세입자와 $2.5\mu m$ 이상의 거대입자로 분류할 수 있음
  - 인체 건강에 영향을 크게 미치는 것은 미세입자임
  - 미세먼지는 약 $20\sim30\mu m$ 정도 크기의 식물 기공에 의해 직접 흡수되거나, 잎 표면에 있는 털 등에 흡착되어 제거됨
  - 또한 일반적으로 플러스(+)로 대전되어 있는 미세먼지는 식물에서 발생한 음이온에 의해 제거되기도 함

실내식물의 공기정화 효과 증진을 위한 최적 토양수분 조건

(영농활용: 2023. 국립원예특작과학원)

○ 배경
- 실내식물의 공기정화 효과 증진 및 지속을 위한 관리 정보 제공 필요
  · 도시민이 접근하기 쉬운 관리 수단을 활용한 최적 환경조건 구명 필요
  · 자동관수 타입의 바이오월 식재 조합을 위한 식물별 관수 요구도 구명 요구

○ 개발된 영농기술정보
- 토양수분함량의 차이는 초미세먼지 저감에 미치는 영향이 없었음
- 실내식물 4종의 토양수분함량에 따른 생육반응 및 톨루엔 저감효과
  · 스파티필름의 톨루엔 저감을 위한 최적 토양수분함량은 20~25%이며, 10% 이하는 생육 저하와 저감량 저하를 유발하므로 건조를 주의해야 함
  · 파키라의 톨루엔 저감을 위한 최적 토양수분함량은 20%이며 과습을 주의해야 함
  · 스킨답서스와 사계귤은 토양수분함량이 감소함에 따라 기공 전도도가 감소하고 생육 저하가 우려되나 톨루엔 저감에 미치는 영향은 적어 지하부 근권부 미생물에 의한 저감효과가 클 것으로 예상됨

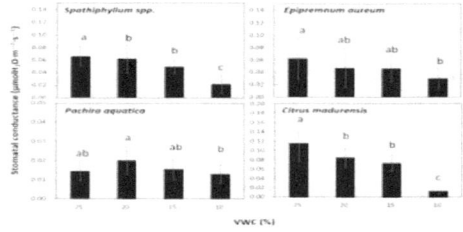 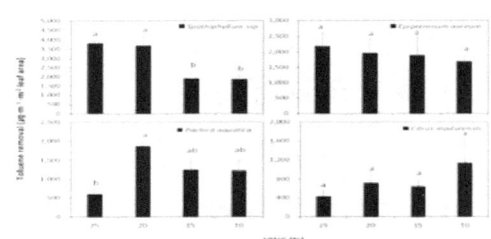

〈실내식물 4종의 토양수분함량에 따른 기공전도도〉 〈실내식물 4종의 토양수분함량에 따른 톨루엔 저감량〉

○ 파급효과
- 도시민의 식물을 활용한 공기정화를 위한 관수 관리 중요성 인식 제고
- 바이오월 산업의 관수시스템 및 식재조합 개발을 통한 실내정원 지속성 증가

Ⅳ. 특용작물

1. 인삼

☐ **개갑(종자후숙)처리**(자료: 표준인삼경작방법)

○ 인삼 종자는 수확 시 배(胚)가 미성숙이기 때문에 인위적으로 배를 성숙시켜 종피가 벌어지게 하는 것을 개갑이라고 함

○ 개갑(종자 후숙)처리는 개갑처리의 시기 및 장소, 사용 용기 및 설치 방법, 시기별 물주는 요령, 개갑 된 종자 관리로 구분할 수 있음

○ 개갑처리의 시기는 7월 중하순~8월 상순에 시작하여야 하고, 7월 하순~11월 상순까지 약 90~100일 정도 소요됨

- 개갑 시작 시기가 늦어질수록 개갑률이 현저히 떨어지므로 주의하여야 함

○ 개갑처리의 장소로는 개갑에 적당한 온도는 15~20℃이므로 개갑 용기를 서늘하고 그늘진 곳에 놓으며 물주기가 편리한 곳을 택하고, 노지에 개갑장을 설치할 경우 용기를 1m 위에 지붕을 설치하여 용기 내의 온도 상승과 씨앗의 건조 또는 강우 시 빗물 유입을 방지하여야 함

○ 개갑처리에 사용하는 용기로는 구멍이 뚫린 플라스틱 용기나 고무통, 시멘트 통 등으로 준비하거나 씨앗의 양을 고려하여 씨앗 양의 8~10배 정도의 용기를 준비하여야 함

- 만약 플라스틱 용기를 선택하였다면 플라스틱 용기는 열전도율이 높으므로 용기 내 온도가 올라가지 않도록 적절한 조치를 하여야 함

○ 층적매장 방법은 용기 밑바닥에 자갈을 10cm, 굵은 모래를 10cm 높이로 깐 후 종자를 넣은 자루를 약 1cm 두께로 깔고 입경 2.0mm 정도의 가는 모래를 3cm 높이로 덮어야 함

- 종자가 담겨진 자루를 골고루 펴서 놓고 모래를 덮어 시루떡 모양으로 차곡차곡 쌓아야 함

- 용기가 어느 정도 채워지면 굵은 모래를 10cm 높이로 덮고 다시 자갈을 10cm 높이로 덮어 수분 증발을 막아야 함

- 종자 매장 층의 높이가 50cm 이상 높아지면 하층에 수분이 과다하게 되고 산소가 부족하여 종자 부패가 일어날 수 있으므로 높이를 높지 않게 함
- 종자 소독은 개갑률을 저하하므로 별도로 하지 않으며, 깨끗한 모래를 사용하여야 함
- 종자 매장 층이 30cm 이상일 때에는 개갑처리 기간 중 종자를 담은 자루를 끄집어내어 그늘에 한나절 정도 보관한 후 다시 넣는 작업을 1~3회 해주어야 함
○ 개갑처리 중 수분관리는 7월 하순~9월 중순 사이에는 1일 2회, 9월 하순~10월 중순 사이에는 1일 1회, 10월 중순~11월 상순까지는 2~3일에 1회 관수하여야 함
- 관수를 하는 이유는 종자에 수분공급, 개갑 용기의 온도 저하, 산소공급으로 유해가스 제거하는 역할을 함
- 배(씨눈)의 생장 적정온도는 15~20℃이므로 우물물이나 지하수처럼 차가운 물을 이용하여 되도록 온도를 낮춰야 함
- 물을 주는 방법은 층적층 위에서 관수하여 아래로 배수하는 방법과 층적층까지 물을 채운 후 배수시키는 방법이 있음
- 개갑에 알맞은 수분함량은 10~15%이므로 배수구에 물이 흘러나올 정도로 충분히 주고, 용기 내 수분이 정체되지 않도록 주의함
○ 개갑이 완료된 종자는 파종 2~3일 전에 개갑 용기에서 꺼내 깨끗한 물로 씻은 다음 너무 마르지 않도록 보관하였다가 파종함
- 개갑이 미흡한 종자는 별도 용기에 넣어 20℃ 정도에서 7~10일간 추가로 개갑처리 하여야 함
- 만일, 가을에 파종하지 못한 경우에는 개갑된 종자를 모래와 혼합하여 땅속에 묻거나, -2~0℃의 저온 저장고에 마르지 않게 보관하였다가 이듬해 땅이 녹은 직후에 파종하여야 함

인삼 뿌리썩음병 신속 진단 기술, 산업체와 개발 착수

(보도자료: 2025.3.19. 농촌진흥청)

○ 농촌진흥청은 인삼 뿌리썩음병을 신속하게 진단하는 기술을 개발하기 위해 민간 산업체와 본격적인 연구에 착수함

○ 인삼은 이어짓기(연작) 피해가 큰 작물로, 특히 뿌리썩음병이 발생하면 생산량이 줄고 품질이 떨어지는 등 농가 손실이 큼

○ 2015년 농촌진흥청이 개발한 인삼 뿌리썩음병원균 초기 진단 기술*은 높은 정확도에도 불구하고 시간과 비용, 전문 인력이 추가로 필요해 이번에 현장 적용성을 높이고자 민간 협력에 나서게 됐음

  * 분자생물학적 방법을 활용해 실험실에서 이뤄지는 정밀 검사 방법. 토양 1g 속 병원균 포자 10개 검출 가능할 만큼 정확도가 높음

○ 농촌진흥청은 빠르고 정확한 간이 진단 도구(키트) 개발을 목표로, 식물 곰팡이병 현장 진단 도구(키트) 제조 기술 보유 업체와 2025년 3월 말부터 협력 연구를 추진함

○ 농촌진흥청 연구진이 병원균 관련 정보 제공과 진단 도구 평가를 맡고, 업체에서는 상용화 제품 개발을 추진함

○ 농촌진흥청 국립원예특작과학원은 "뿌리썩음병 피해를 예방하기 위해서는 정확한 진단과 예측 기술이 무엇보다 중요하다."라며 "산업체와의 협력 연구를 통해 안정적인 인삼 생산 기반을 마련해 가겠다."라고 밝혔음

<인삼 뿌리썩음병 피해 개체>

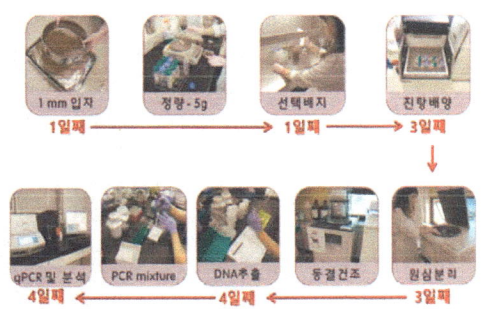

<농촌진흥청 개발 인삼 뿌리썩음병원균 분자 진단 기술>

2. 오미자

☐ 병해충 방제

○ 점무늬병
- 잎과 잎자루에 발생하여 생육에 가장 큰 피해를 입히는 병해임
- 발병 시기는 6월 상순이며 최성기는 8월 하순 ~ 9월 중순임
- 수관이 과번무하고 세력이 약하거나 과도한 결실이 이루어지는 포장에서 발생이 증가하므로 전정을 통한 과번무 억제와 적정량의 결실이 이루어지도록 함

〈점무늬병〉

○ 푸른곰팡이병
- 8월 중순 이후 과실 착색기에 열매와 과방에 주로 발생하며 처음에는 종피에 갈색 반점이 나타나 점차 과방 전체로 진전되면서 푸른색의 분생포자가 많이 형성됨

〈푸른곰팡이병〉

- 발병된 열매는 점차 수축하면서 후에 미라 상태로 부패함
- 주로 오래된 밭에서 발생하므로 매년 전정을 하여 건전한 수세를 유지함
- 4년 이상 된 줄기는 새로운 줄기로 교체해 주는 것도 발생을 최소화하는 방법임

○ 뽕나무흰깍지벌레
- 형태는 흰색 또는 회백색으로 암컷은 둥글고 수컷은 길쭉한 모양임
- 월동 해충으로 알로 부화하며 약충은 연 2회 발생하고 5월 중·하순과 8월 상·중순에 주로 발생함
- 피해 증상은 나무줄기와 잎에 부착·흡즙하여 피해를 주고 수세가 약해져 조기 낙엽 되어 고사함
- 깍지벌레가 많이 붙어있는 줄기와 가지는 밀납질의 가루를 뿌린 듯이 보이며, 약충과 성충 모두 줄기와 잎, 열매에 부착하여 흡즙 하므로 수세가 약해지고 잎의 출아가 지연됨
- 피해받은 줄기와 잎은 일찍 낙엽이 지고, 심하면 줄기 전체가 말라 죽으며, 주로 그늘지고 습한 곳에서 발생함
- 깍지벌레는 왁스와 같은 물질로 스스로 자가 몸을 보호하고 있으며, 알에서 갓 부화한 약충 시기에 약제를 살포하는 것이 효과적임
- 특히 깍지벌레의 분비물을 먹고 자라는 공생관계의 병원균으로 고약병이 있음
  · 고약병이 발생하지 않게 하려면 깍지벌레 방제를 철저히 해야 함

발생잎(앞)　　　　　발생잎(뒷면)　　　　　고약병 증상

<깍지벌레 피해 잎>

3. 구기자

☐ 수확

- ○ 삽식한 그해부터 열매가 익는 대로 수시로 수확하며 기계 수확기를 이용하면 수확 노력을 절감할 수 있음 (8월 중순~11월 하순)
  - 수확한 구기자는 오염되지 않은 물로 흙이나 오염물질을 씻고, 성숙과와 미숙과로 선별함
  - 건조는 햇빛에 말리거나 열풍건조 하는데 열풍건조는 50℃ 이하에서 2시간 예비건조하고, 60℃에서 26시간 이상을 말려야 상품의 구기자를 만들 수 있음
  - 열풍건조 51시간을 건조하는데 45℃에서 18시간 건조 후 55℃에서 18시간 건조하고 마지막으로 60℃에서 15시간 건조하는 것이 좋음
  - 구기자 건조는 3단 변온 건조를 하면 색깔 품질이 좋음
  - 건조 초기에는 45℃의 낮은 온도에서 수분을 빼는 과정으로 열매 색깔의 변색을 최소화하려는 목적임
  - 빠르게 건조하려고 초기부터 55℃ 이상 높은 온도로 건조하는 경우가 있는데 색깔이 짙은 갈색으로 변질하고 껍질이 부풀며 꽈리현상이 발생할 수 있으므로 유의해야 함
  - 중반부는 55℃로 올려서 건조하고, 60℃로 마무리 건조함
  - 지골피는 구기자나무 뿌리를 씻어 흙, 이물질을 없앤 후 나무망치 등으로 두들겨 목질부를 제거하여 건조하고, 실뿌리는 그대로 건조하여 사용함
  - 건조된 구기자는 상온에 방치하면 수분을 흡수하여 끈적끈적하게 되므로 비닐봉지에 담아 밀봉하여 마대에 담아 보관함
  - 일반 대용량 저장 시 용기는 두꺼운 PE 봉투에 건조 구기자를 넣고 밀봉하여 다시 마대에 넣어 상온에 보관함
  - 건조된 구기자는 상온에 보관할 수 있으나 여름철에는 화랑곡나방이 발생할 수 있어 세심한 주의가 필요함

4. 백수오

☐ 토양수분 관리
○ 8~9월 뿌리비대기에 가뭄이 심할 경우 30~40mm 정도 물을 대주면 뿌리 생육 및 비대 등을 촉진하므로 품질도 좋고, 수량도 많게 됨

☐ 백수오 주요 병해충 발생 양상
(영농활용: 2024. 충청남도농업기술원)

○ 배경
- 백수오 주요 병해충의 발생양상 정보 제공으로 효율적인 방제 도움
○ 개발된 영농기술정보
- 백수오 재배 시 발생하는 주요 병해충
  · 복숭아혹진딧물은 5월 하순~7월 하순까지 새싹과 어린줄기에 기생하고 약충과 성충이 흡즙하여 신초 생장을 억제시켜 생육을 지연시킴
  · 대만총채벌레는 6월 상순부터 전 포장에 발생이 심하고 어린 잎을 흡즙하여 잎이 뒤틀리고 구부러지는 현상이 발생함
  · 점박이응애는 7월 상순에는 기저부 근처 하엽에서 발생하기 시작하여 흰 반점 증상이 나타나고, 고온기에는 정단부에 다발생하여 거미줄을 형성함
  · 점무늬낙엽병은 6월 하순부터 잎에 흑갈색 원형 반점이 나타났으며 장마기 이후 증상이 심해지고 조기 낙엽됨

<백수오 재배 주요 병해충 발생시기>

병해충	시기	5월		6월		7월		8월		9월	
		1-15	16-30	1-15	16-30	1-15	16-30	1-15	16-30	1-15	16-30
해충	복숭아혹진딧물		─	─	─	─	─				
	대만총채벌레			─	─	─	─	─	─	─	─
	점박이응애					─	─	─	─	─	─
병	점무늬낙엽병				─	─	─	─	─	─	─

○ 파급효과
- 백수오 주요 발생 병해충 방제력 구축으로 안정생산 가능

5. 천궁

☐ 생육 관리

○ 천궁 뿌리는 7월 하순~8월 상순에 근경이 형성되고, 8월 하순~9월 상순에 근경이 비대하기 시작하여 9월 하순부터 10월 중순경에 급격히 비대함

- '일천궁'은 뿌리가 얕아 가뭄 피해를 많이 받는 작물로 근경형성기에 가뭄 피해를 받으면 수량이 감소하지만 근경비대기에는 수량감소가 크므로 근경비대기인 8월 하순에 특히 토양수분이 부족하지 않도록 세심한 물 관리가 필요함

☐ 병해충 방제

○ 탄저병
- 감염 초기에는 주로 잎 가장자리에 갈색 부정형의 병반이 형성되며, 심한 경우 줄기로 옮겨가 포기 전체가 말라죽음
- 6월 하순부터 발생하기 시작하여 9월 중순까지 점차 증가함
- 예방 및 방제로는 연작을 피하는 것이 효과적인 방법임

○ 줄기썩음병
- 병원균에 감염되면 잎이 마르면서 줄기가 썩고 지상부가 누렇게 변하며 심한 경우 포기 전체가 고사함
- 6월 하순부터 발생하기 시작하여 9월 중순까지 점차적으로 증가하는데, 장마 이후 고온 다습 조건에서 발생이 심함
- 장마 전 7월 중순에 방제하는 것이 효과적임

○ 잎마름병
- 병원균에 감염되면 초기 증상은 탄저병과 비슷하며 처음에는 잎 줄기에 작은 반점이 나타나고 장마 후 심한 경우 잎 전체가 말라 죽어서 지하부에서 새로운 싹이 나옴
- 6월 하순부터 발병되기 시작하며 점차적으로 증가함

■ 일천궁 저비용 해가림 시설 효과 검증 시험

(영농활용: 2024. 국립원예특작과학원)

○ 배경
- 기후 변화로 인한 평균 온도 상승은 민감한 생육 조건을 필요로 하는 약용작물의 재배 안정성을 위협하고 있음 일천궁 등 고온에 취약한 약용작물은 고온 스트레스로 생육 및 품질 저하, 생산량 감소를 겪으며 농가에 경제적 손실을 초래할 위험이 있음
- 고온기 해가림 처리를 통해 경제적으로 부담이 적으면서 생산 안정성을 확보할 수 있는 농가 보급형 저비용 시설 개발 필요

○ 개발된 영농기술정보
- 일천궁 고온 극복을 위한 간이 차광시설 설치를 통해 고온기 생육과 생산성을 안정화하고, 농가에 실용적인 재배 기술을 제공하기 위함
- 고온기 일천궁 해가림 처리에 따른 지상부·지하부 생육특성 비교 및 유효성분 비교를 통한 효과 검증

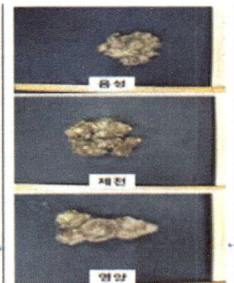
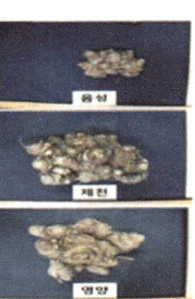

<저비용 해가림 시설>   <해가림 처리에 따른 생육특성>

○ 파급효과
- 고온 스트레스를 완화하여 작물의 생육과 생산성을 안정화할 수 있음
- 고농가 보급형 저비용 해가림 시설 보완 및 보급을 위한 기반 연구를 통한 실용적인 재배 기술 개발 가능

6. 약용작물

□ 생육 관리
- ○ 황금은 7월 중순부터 꽃이 피기 시작하여 10월까지 계속되므로 정단부 아래 10㎝ 정도를 잘라 종자 결실에 필요한 영양분이 뿌리에 이용될 수 있도록 함
  - 채종포에서는 예취하지 않음
  - 장마철에 배수가 안 되면 뿌리가 부패하기 쉬우므로 배수로를 정비함
- ○ 작약 종자번식은 젖은 모래에 1개월 정도 묻어둔 종자를 9월 상순 ~ 중순에 파종함
  - 파종한 종자는 저온을 경과한 다음 발아가 되며 발근적온은 20℃이고 25℃ 이상에서는 발근율이 떨어짐
  - 분주를 이용한 번식은, 9월 하순~10월 사이에 세근이 발생하기 전에 심어야 그해에 활착됨
- ○ 황기는 고온 건조, 또는 저온 다습이 교차될 때 흰가루병이 많이 발생하므로 주의함
  - 과번무 한 포장은 순지르기하여 통풍이 잘되도록 해줌
  - 발병 포장은 등록 약제를 사용하여 방제함
- ○ 황기, 우슬 등은 지나치게 생육이 왕성하면 도복 위험성이 따르므로 쓰러짐 방지를 위해 생육상태를 관찰하여 8월 하순에 3차로 잘라주는 것이 중요함
- ○ 지황의 뿌리껍질은 얇으며, 장마철 토양 수분함량이 높아지면 뿌리호흡 장애가 발생하므로 배수 관리를 철저히 하여야 함
  - 뿌리썩음병은 7월 하순~9월 상순 사이에 고온, 다습할 때 주로 발병하며 연작지와 과습지에서는 심하게 발생함
  - 점무늬병, 뿌리썩음병 발생 시 먼저, 병든 식물체를 제거하고 이후 발생 초기에 등록 약제를 사용기준에 맞게 사용하고, 농약안전사용기준을 잘 지켜서 방제함

7. 버섯

❑ "버섯 품종 개발 빨라진다" 교배 핵심 유전자 밝혀내

(보도자료: 2025.2.07. 농촌진흥청)

○ 농촌진흥청은 리보핵산단백질(RNP)[*] 유전자 가위로 만든 표고버섯 교배형 유전자 교정체[**]를 활용해 교배의 핵심 역할을 하는 유전자 기능을 학계 최초로 밝히는 데 성공했음

  * 가위의 역할인 Cas9 단백질과 목표 유전자로 안내하는 gRNA의 결합체. 기존 유전자 교정에 자주 활용되었던 벡터는 대장균과 같은 다른 종의 유전자로 구성돼 있는 반면, RNP는 다른 종의 유전물질이 없어 외래 유전자가 삽입될 가능성이 매우 낮음

  ** 유전자 가위를 활용해 목표 유전자를 정밀하게 편집해 새로운 특성을 부여한 생명체

○ 버섯은 동물, 식물보다 유전자 정보가 부족해 서로 다른 균사체를 교배하는 전통 육종에 의존하고 있음

 - 교배에 결정적 역할을 하는 유전자로는 호메오도메인 1, 2가 알려졌지만, 이들 유전자는 기능이 정확하게 밝혀지지 않아 육종가들은 100~1,000여 개에 달하는 교잡 균주를 현미경으로 보며 교배 여부[*]를 판단하고 있음

  * 버섯 균사체가 교배되면 양쪽 균사체로부터 핵 이동을 위한 꺽쇠 연결체 (아래 사진 화살표)가 발생함. 대부분의 버섯이 이 구조로 교배 여부를 결정함

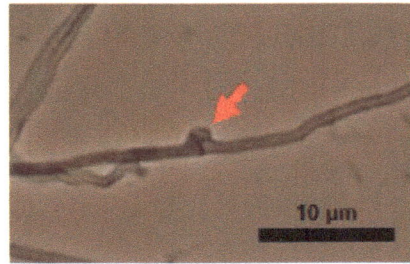 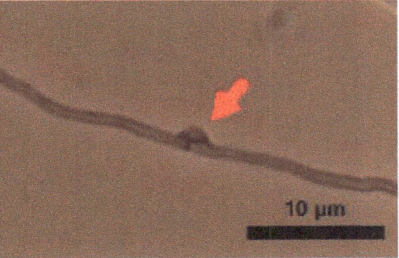

○ 농촌진흥청은 교배형 유전자의 기능을 밝히기 위해 리보핵산단백질(RNP)과 세포 수송에 유리한 나노입자(CaP*) 복합체로 호메오도메인1, 2 유전자 결핍 교정체를 개발한 뒤, 둘을 교배했음
  * 인산칼슘과 폴리아크릴산으로 구성

○ 그 결과, 호메오도메인2 유전자가 결핍된 교정체는 교배가 이뤄지지 않았으나, 호메오도메인1 유전자가 결핍된 교정체는 정상 교배됨을 확인했음

HD2 교정체 X 야생형

- 이는 교배에 영향이 적은 호메오도메인1과 달리, 호메오도메인2가 교배에 결정적 역할을 함을 의미함

○ 이번 연구는 수작업으로 진행해 온 버섯 교배 여부 확인을 호메오도메인2 유전자를 기반으로 한 분자표지를 통해 간소화할 수 있음을 확인한 데서 의미를 찾을 수 있음

○ 농촌진흥청 차세대농작물신육종기술개발 사업단 과제로 진행한 이번 연구 결과는 지난해 12월 국제학술지(Journal of Fungi)에 게재돼 학술적으로 인정받았음

- 또한, 유전자 교정체 확보 기술*은 특허 출원을 마쳤음
  * 특허출원명(번호): CaP 나노파티클을 포함하는 버섯 유전자 교정용 조성물 (10-2024-0155583)

○ 농촌진흥청 국립원예특작과학원은 "이번 연구는 기존 교배 육종에서 목표 형질만을 개량할 수 있는 디지털 육종으로 갈 수 있는 기반을 마련한 성과다."라며 "앞으로 교배형 유전자 분자표지까지 개발하면 육종 기간을 더 단축할 수 있을 것이다."라고 밝혔음

RNP/CaP 복합체를 이용한 유전자교정 기술 소개

○ 관련 내용

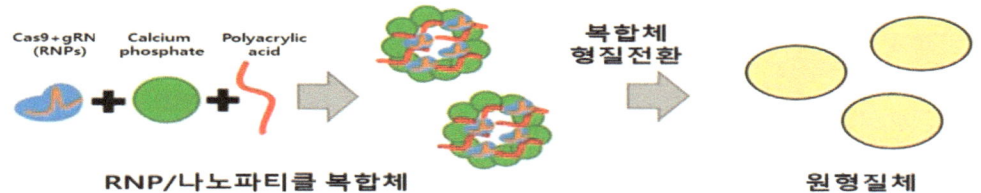

<RNP/CaP 복합체 합성 모식도>

RNP는 유전자 가위 역할을 하는 Cas9 단백질과 목표 유전자로 안내해 주는 gRNA로 이루어진 유전자 교정 도구임. 기존 벡터 기반 방식은 프로모터 검증, 코돈 최적화 등 시간이 오래 걸리나, RNP는 외래 유전자 삽입 위험 없이 간단히 활용 가능함. 또한, 인산칼슘과 폴리아크릴산으로 구성한 CaP 나노입자를 이용하면 RNP를 보호하면서 세포 내로 효과적으로 전달해 높은 유전자 교정 효율을 구현할 수 있음.

버섯 교배 결정적인 유전자 HD2 구명

○ 관련 내용

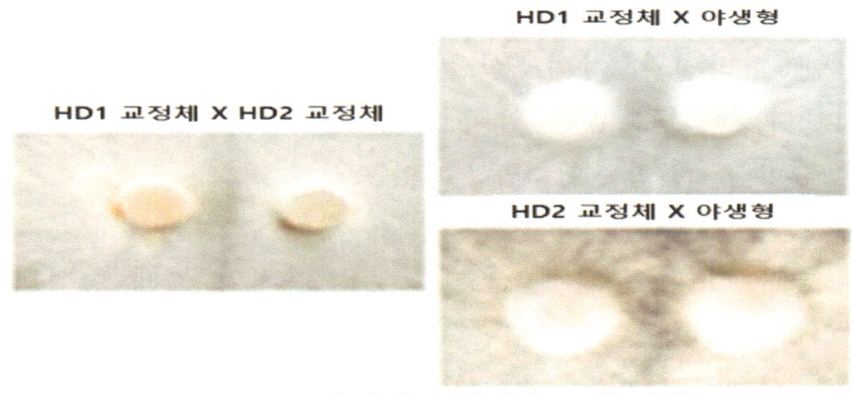

<HD1, HD2 유전자 교정체의 교배 실험>

HD1과 HD2는 버섯 교배형 유전자로, 교배를 제어하는 중요한 유전자임. 이들의 기능을 확인하기 위해 RNP/CaP 복합체를 활용해 표고버섯의 유전자 교정체를 제작함. 그 결과, HD1은 교배 과정에서 미치는 영향이 상대적으로 미미하지만 HD2는 교배의 진행 자체에 영향을 미치는 것을 확인함. 교배 실험에서 HD2 교정체는 교배가 완전히 차단되고 꺽쇠 연결체도 형성되지 않음. 반면, HD1 교정체는 교배가 가능했고 교배 후에는 관련 유전자 발현이 회복되었음. 요약하면 HD2가 HD1에 비해 교배 과정에 결정적인 역할을 수행하는 것으로 확인됨

☐ 농촌진흥청, '희귀버섯' 국내 최초 인공재배 성공

(보도자료: 2024.05.29. 농촌진흥청)

○ 농촌진흥청은 세계적 희귀 버섯인 '모렐버섯(곰보버섯)'을 생산할 수 있는 인공 재배 기술을 국내 최초로 개발하고 특허등록*을 마쳤음

  * 특허등록명(번호): 곰보버섯 재배용 배지 조성물 및 이를 이용한 곰보버섯의 재배 방법(10-2663030-0000)

○ 모렐버섯은 쫄깃한 식감과 고소한 맛을 지니고 풍미가 뛰어나 프랑스와 이탈리아에서는 고급 식재료로 통함

  - 유럽을 비롯한 미국에서는 일반 요리 외 초콜릿, 주류 등에 폭넓게 쓰이는 버섯임

  - 유기 게르마늄(Ge)*을 많이 함유해 신장 허약, 성기능 쇠약, 위염, 소화불량, 식욕부진 개선 등에 효과가 있음

  - 다양한 비타민과 아미노산을 함유하고 있으며, 단백질은 목이버섯보다 2배가량 많은 양이 들어 있음

  * 게르마늄이 유기화합물과 결합하고 있는 상태

〈갓은 뾰족한 타원형으로 갈색이나 황갈색을 띠고, 대는 큰 주름이 있으며 매끄럽고 엷은 누런빛 백색을 띰〉

○ 2000년 이후 중국에서 처음 인공 재배에 성공했지만, 생산량이 소비 증가량보다 부족해 건조 버섯은 가격이 높게 형성되고 있음

  - 우리나라는 현재 모렐버섯을 야생에서 채취하거나 중국에서 전량 수입해 식재료로 이용하는 실정임

○ 농촌진흥청은 3년간의 연구 끝에 이번 인공 재배 기술을 개발했다고 밝혔음

  - 연구진은 다양한 배지 재료에 영양원과 무기성분을 첨가해 종균(씨균)을 배양했음

- 이 종균(씨균)을 상자나 온실 토양에 접종해 일정 기간 키운 뒤, 다시 영양원을 처리해 버섯이 자라도록 유도했음
○ 상자에서 재배할 때 점토가 섞인 흙에 종균(씨균)을 접종해 균사가 퍼지면 영양원을 처리하고 온도 10~20도(℃), 상대습도 60~95%, 이산화탄소(CO_2) 농도 1,000ppm 이하로 유지하며 버섯이 나오도록 했음
○ 온실에서 재배할 때는 일정한 깊이로 토양을 간 뒤 두둑을 만들어 종균(씨균)을 뿌리고, 흙을 덮은 후 비닐을 씌웠음
 - 토양 표면에 균사가 퍼지면 영양원을 처리하고 온도는 5~20도, 상대습도는 85~90%가 유지되도록 주기적으로 물 관리를 했고, 바람도 잘 통하게 했음
○ 모렐버섯은 다른 버섯보다 재배기간이 다소 길음
 - 10월에 종균(씨균)을 접종하면 상자와 온실 재배 모두 이듬해 3~4월에 수확할 수 있음
○ 농촌진흥청은 이번 기술을 청년농업인, 새 품목 재배를 희망하는 관심 농가에 이전할 계획임
 - 특허 기술이전 관련 문의는 한국농업기술진흥원(063-919-1000)으로 하면 됨
○ 농촌진흥청 국립원예특작과학원은 "희귀버섯 인공 재배 기술 개발로 버섯 소비 문화 다양화에 대응하고, 농가의 새로운 소득원 창출을 이끌어 관련 산업 확대에도 힘을 보태겠다."라고 전했음

희귀버섯 인공 재배기술 개발

○ 모렐버섯(곰보버섯)은?
- 주발버섯목 곰보버섯과에 속하는 균류이고, 자실체 크기는 45~115mm로 중형임. 갓은 대 상부에서 1/2~2/3까지 대를 싸고 있으며, 아래쪽의 갓 끝은 대에 부착되어 있음. 표면은 호두 껍데기 모양의 불규칙한 홈이 있음. 주로 봄에 발생하며, 활엽수림 내 땅 위나 정원 등에 하나씩 혹은 무리로 서식. 모렐버섯은 독특한 풍미를 지닌다고 알려져 있는데 견과류가 지닌 고소함과 고기의 깊은 맛이 동시에 난다고 함

○ 모렐버섯 자실체 특성
- 모렐버섯 자실체의 평균 무게는 33.2g, 총 길이 133.9mm, 갓 길이 73.0mm, 대 길이 52.2mm이었음. 자실체의 갓은 뾰족한 타원형, 색깔은 갈색, 황갈색이며 윗부분은 원형, 짙은 갈색을 띰. 또한, 대는 표면이 굵고 큰 주름이 있으며 매끄럽고 색깔은 담황백색임

○ 농촌진흥청의 모렐버섯 종균 배양
- 최적 배양조건을 유리시험관을 이용한 균사배양을 통하여 설정. 국내외 모렐버섯 재배를 위한 종균배양은 참나무톱밥, 콘코브(옥수수속대), 왕겨, 밀, 부엽토, 옥수수 등 다양한 재료에 영양원과 무기성분을 첨가 후 일정한 비율로 혼합하여 수분함량 65% 내외, C/N율 (탄소와 질소의 질량비) 70으로 조절하였고, 121℃에서 90분간 고압살균 후 배양실(배양 온도 20~25℃, 상대습도 60~70%로 조절)에서 25~30일간 배양함

○ 상자 재배기술
- 상자재배 방법은 점토가 섞인 흙을 상자에 일정량을 넣고 배양이 종료된 종균을 뿌리고 토양으로 복토(흙 덮기)하여 모렐버섯 균사를 생육시킴. 토양표면이 균사로 만연하게 되면 영양원을 처리하여 온도 10~20℃, 상대습도 60~95%, CO_2 농도 1,000ppm 이하

조건 유지. 이후 버섯 발생 작업은 습도를 95% 이상 유지하고 주기적으로 관수를 함. 버섯이 발생 되면 습도를 80% 이하로 유지하면서 자실체를 생육

○ 하우스 재배기술
- 하우스재배를 위한 토양은 식양토가 가장 좋음. 트랙터로 토양을 일정한 깊이로 갈고 난 후 종균을 뿌리고 복토(흙덮기)를 한 후 일정 기간 배양하면 토양표면에 모렐버섯 균사가 만연하게 됨. 영양원을 처리하고 생육온도를 5~20℃로 관리하면서 버섯을 발생시킴. 하우스 재배는 땅을 갈아서 2개의 고랑으로 나누어 모렐버섯 종균을 곱게 부수어 접종한 뒤, 복토(흙덮기)를 하고 산소가 투과될 수 있는 비닐을 씌우고 배양함. 버섯 발생을 위해 주기적으로 관수를 하고 85~90%의 조건으로 상대습도를 유지하면서 신선한 공기가 잘 통하도록 관리함

여름철 야생 버섯 섭취에 의한 중독사고 주의

(보도자료: 2022.7.6. 농촌진흥청)

○ 농촌진흥청과 식품의약품안전처는 장마철 야생버섯 섭취에 의한 중독사고 발생 위험성을 경고하고 각별한 주의를 당부했음
○ 덥고 습한 장마철은 버섯이 자라기 쉬운 환경이 조성돼 주변에서 버섯을 쉽게 발견할 수 있음
 - 우리나라에 자생하는 버섯은 1,900여 종이나, 이 중 먹을 수 있는 것은 약 400여 종(21%)임
○ 독버섯은 다양한 형태와 색깔을 띨 뿐 아니라, 비슷한 모습의 식용버섯과 동시에 자라는 경우가 많아 전문가도 쉽게 구분하기가 어려우므로 주의해야 함

<장마철 식용버섯과 모양이 비슷한 독버섯(예)>

흰주름버섯(식용) 독우산광대버섯(독) 어린 영지(식용) 붉은사슴뿔버섯(독)

독우산광대버섯은 강력한 독소인 아마톡신을 가지고 있으며 호흡기 자극, 두통, 현기증, 메스꺼움, 호흡곤란, 설사, 위장장애 등의 증상을 일으키고, 여러 장기에 손상을 주는 치사율이 높은 버섯임

붉은사슴뿔버섯은 균독소 트라이코세신을 가지고 있으며 적은 양만 섭취해도 오한, 복통, 두통, 마비, 장기부전 등의 증상을 동반하며 심한 경우 사망할 수 있음

○ 식품의약품안전처 조사에 따르면 최근 10년간(2012~2021) 야생버섯으로 인한 안전사고*는 총 5건이며, 36명의 환자가 발생했음
 - 발생 건수 대비 환자 수는 7.2명으로, 이는 야생 버섯을 가족, 지인과 나눠 먹는 경우가 많아 피해가 확산한 것으로 해석할 수 있음
  * 발생 현황(건수/환자): ('12) 1건/4명 → ('14) 1/5 → ('16) 1/6 → ('17) 2/21
○ 야생버섯의 식용 가능 여부를 과학적 근거가 없이 민간 속설에 의존해 판단하는 것은 상당히 위험한 발상이며 특히 주의해야 함

- 민간 속설로는 ▲ 색깔이 화려하지 않은 것은 식용할 수 있다 ▲ 곤충이 먹은 흔적이 있는 것은 해가 없다 ▲ 은수저를 변색시키지 않는 것은 식용할 수 있다 등이 있음
- 대부분의 독버섯 성분은 가열·조리하더라도 독성이 남아 있으므로 익혀 먹으면 안전하다고 믿는 것도 잘못된 것임

○ 중독사고 예방을 위해서는 야생에서 채취한 버섯은 먹지 않는 것이 좋으며, 이미 섭취해 두통, 복통 등 증상이 발생했다면 빨리 토해내고, 정확한 진단과 치료를 위해 섭취한 독버섯을 가지고 즉시 병원으로 가야 함

○ 농촌진흥청 국립원예특작과학원은 "기후변화 영향으로 버섯 발생 시기와 장소가 빠르게 변화하고 있어 지난해 야생버섯을 먹고 아무 이상이 없었다고 해도 올해 같은 장소에서 발생한 버섯이 식용버섯이라고 장담할 수 없다."라며 "버섯을 안전하게 즐기는 가장 좋은 방법은 느타리, 팽이, 표고 등 농가에서 생산된 신선하고 믿을 수 있는 재배버섯을 이용하는 것이다."라고 전했음

버섯과 관련된 잘못된 민간 속설의 예

- 색깔이 화려하지 않고 원색이 아닌 것은 식용할 수 있다
  ☞ 화려한 색깔을 지닌 달걀버섯은 식용버섯으로 분류되는 반면, 수수한 외형과 색깔을 지닌 독우산광대버섯은 맹독성 버섯이다
- 세로로 찢어지는 버섯은 식용할 수 있다
  ☞ 삿갓외대버섯은 느타리처럼 세로로 잘 찢어지지만 독성을 가지고 있다
- 유액이 있는 버섯은 식용 가능하다
  ☞ 독버섯인 새털젖버섯아재비는 잘랐을 때 유액이 나온다
- 곤충이나 달팽이가 먹은 흔적이 있는 버섯은 사람이 먹어도 무해하다
  ☞ 버섯 균독소의 작용기작은 사람과 동물에서 다르므로 이를 바탕으로 먹을 수 있는지 판단하는 것은 매우 위험하다
- 은수저를 변색시키지 않는 버섯은 식용 가능하다
  ☞ 과학적인 근거가 없으므로 절대 맹신하면 안 된다

장마철 주의가 필요한 독버섯

독우산광대버섯
(*Amanita virosa*)

- 흰색의 우산 모양 자실체를 형성하며 대에 턱받이가 발달함
- 순백색의 아름다운 외형과 함께 강한 독성을 가지고 있어 '죽음의 천사'라는 별명을 지님
- 발달과정 내내 주름살이 흰색을 나타냄
- 비슷한 식용버섯인 흰주름버섯은 주름살이 연한 분홍색 내지 짙은 갈색을 띰
- 균독소로 아마톡신을 가지고 있음

붉은사슴뿔버섯
(*Trichoderma cornu-damae*)

- 전체적으로 붉은빛을 띠며, 원통형 내지 사슴뿔 형태의 딱딱한 자실체를 형성함
- 자실체 상단부가 다소 뾰족하며 흔히 분지함
- 영지의 어린 자실체와 유사하나 영지의 자실체는 끝이 다소 뭉툭하고 흰색 또는 노란빛을 띰
- 건조 가공을 통해 본래의 색채와 형태가 변하면 전문가도 형태적인 구분이 어려움
- 균독소로 트라이코세신을 가지고 있음

개나리광대버섯
(*Amanita subjunquillea*)

- 우산 모양 자실체를 형성하며 대에 턱받이가 발달함
- 전체적으로 노란색을 띠며, 갓 중앙부분은 등황색 내지 황토색을 나타냄
- 턱받이와 대주머니는 흰색을 띰
- 비슷한 식용버섯인 노란달걀버섯은 갓과 대의 색이 모두 노란색을 띠며, 주름살이 황색을 띰

독흰갈대버섯
(*Chlorophyllum neomastoideum*)

- 전체적으로 흰색을 띠는 대형 버섯으로 갓 중앙 표면에 옅은 갈색을 띠는 큰 인편이 발달함
- 형태적으로 유사한 큰갓버섯은 갓 위의 인편이 고르게 분포하며 상처를 내도 붉은색으로 변하지 않는 차이가 있음

Ⅴ. 주요 원예·특용작물 경영정보

1. 무

☐ **수급 동향** (자료: 한국농촌경제연구원, 농업전망 2025)
○ 생산 동향
  - 2024년 무 재배면적은 모든 작형의 재배면적이 감소하면서 2023년 및 평년 대비 각각 8.9%, 7.3% 감소한 1만 8,669ha임
    · 봄무 재배면적은 2023년 및 평년 대비 각각 8.3%, 4.4% 감소한 5,615ha로 파종 준비기(1~2월) 무 도매가격이 높지 않았고, 2023년 봄무 출하기(5~7월) 도매가격이 산지 기대 가격보다 낮아서 시설
    · 노지봄무 재배면적이 모두 감소하였음
    · 여름무 재배면적은 상대적으로 가격이 높았던 당근, 감자 등으로 작목 전환되면서 2023년 및 평년 대비 각각 3.2%, 2.7% 감소한 2,645ha임
    · 가을무 재배면적은 2023년 및 평년 대비 각각 14.5%, 8.8% 감소한 5,308ha로 파종 준비기(7~8월) 무 가격 상승으로 재배 의향은 높았으나, 파종기 고온으로 개체 고사, 미발아 등이 발생하면서 파종 여건이 좋지 않아 재배면적이 감소하였음
    · 겨울무 재배면적은 수익성이 높은 당근으로의 작목 전환과 기상 악화로 품질 저하 문제가 발생했던 이른 파종분(8월 파종) 비중이 감소하면서 2023년산 및 평년 대비 각각 6.1%, 11.0% 감소한 5,101ha임
  - 2024년 무 생산량은 모든 작형에서 재배면적과 단수가 감소하면서 2023년 및 평년 대비 각각 15.4%, 14.2% 감소한 98만 8천 톤임
    · 봄무 생산량은 재배면적의 감소와 생육 초기(3~4월)에 저온으로 추대 발생하였고, 출하기(6~7월) 장마 및 고온으로 병해가 확산되면서 2023년 및 평년 대비 각각 13.2%, 14.4% 감소한 19만 7천 톤 수준임

- 여름무 생산량은 재배면적과 단수가 감소하면서 2023년 및 평년 대비 각각 9.0%, 9.7% 감소한 9만 톤이었으며, 8월에 출하되는 준고랭지 1기작 무는 생육기(7~8월) 고온과 잦은 비로 근장이 감소하였고, 병해충(무름병, 벼룩잎벌레)가 확산되었음
- 이후 9월까지 지속된 고온과 가뭄 영향으로 완전 고랭지와 준고랭지 2기작(9~10월 출하) 무는 탈엽 현상과 생육지연이 동반되었고, 생육 초기 돌풍 영향으로 생리장해(기형무 등)가 확산되어 단수는 감소하였음
- 가을무 생산량은 2023년 및 평년 대비 각각 21.0%, 12.9% 감소한 38만 4천 톤으로 파종기(8~9월) 고온으로 결주가 늘어 실제 출하 가능한 면적이 감소하였고, 생육기 고온으로 병해(무름병)와 생리장해(기형, 열근, 가랑이무 등)가 확산되어 단수도 감소하였기 때문임
- 겨울무 생산량은 재배면적 감소로 2023년산 및 평년 대비 각각 10.9%, 16.7% 감소한 31만 5천 톤 내외로 전망됨

<무 작형별 재배면적 및 생산량>

(단위: ha, 천 톤)

구분		2024	2023	평년	전년대비(%)	평년대비(%)
전체	면적	18,669	20,500	20,149	-8.9	-7.3
	생산량	988	1,167	1,151	-15.4	-14.2
봄	면적	5,615	6,126	5,874	-8.3	-4.4
	생산량	197	227	230	-13.2	-14.4
여름	면적	2,645	2,732	2,717	-3.2	-2.7
	생산량	90	99	100	-9.0	-9.7
가을	면적	5,308	6,207	5,823	-14.5	-8.8
	생산량	384	487	441	-21.0	-12.9
겨울	면적	5,101	5,435	5,735	-6.1	-11.0
	생산량	315	354	379	-10.9	-16.7

주 1) 봄무는 시설 및 노지 일반무와 기타무를 모두 포함함
 2) 2022~2023년 여름, 겨울작형 면적 및 생산량은 농업관측센터 추정치임
 3) 2024년 재배면적과 생산량은 농업관측센터 전망치임
 4) 평년은 2019~2023년의 최대, 최소를 제외한 평균임
자료: 통계청, 농업관측센터

○ 수출입 동향
- 2024년 무 수출량은 2023년 및 평년 대비 각각 47.5%, 26.0% 감소한 3,408톤이며, 국내 무 생산량의 0.3% 수준임
  · 시기별로 겨울철(1~5월) 수출량은 1,819톤으로 2023년 및 평년 대비 감소하였으나 겨울 무 생육기 잦은 비 등으로 품위 저하가 발생하였고, 2월 이후부터 국내 무 가격이 상승하면서 수출량은 감소하였음
  · 그 외 봄·여름·가을철(6~12월)은 기상 여건 악화로 국내 무 생산량이 감소하면서 수출량 또한 2023년 및 평년 대비 감소하였음
  · 2024년에는 총 19개국에 수출이 이뤄졌고, 수출 비중은 미국이 77.0%, 캐나다(10.3%), 베트남(3.0%) 순으로 나타났음
  · 2023년 대비 수출국은 늘었으나, 국가별 수출 비중은 크게 변하지 않았음
- 2024년 무 수입량은 14,871톤으로 2023년 및 평년 대비 각각 1,037.6%, 429.7% 증가하였고, 중국에서 100% 수입되었음
  · 시기별로 모든 계절에서 수입량이 증가하였고, 수입이 크게 이뤄지지 않는 봄·여름철의 수입량이 2023년 및 평년 대비 크게 늘었음
  · 수입량이 증가한 이유는 2024년에 국내 무 가격이 상승하였고, 7월부터 수급 안정을 위해 수입 무에 대한 할당관세가 적용되었기 때문임

<무 수출입 동향>

(단위: 톤)

구분	수출					수입				
	겨울 (1~5월)	봄 (6~7월)	여름 (8~10월)	가을 (11~12월)	계	겨울 (1~5월)	봄 (6~7월)	여름 (8~10월)	가을 (11~12월)	계
2024	1,819	48	31	1,510	3,408	4,554	1,634	2,403	6,280	14,871
2023	3,479	180	63	2,768	6,491	928	130	96	154	1,307
평년	3,003	247	100	1,257	4,606	1,593	31	264	920	2,807
전년 대비(%)	-47.8	-73.3	-51.1	-45.4	-47.5	390.9	1,156.9	2,402.8	3,991.5	1,037.6
평년 대비(%)	-39.4	-80.5	-69.0	20.2	-26.0	185.9	5,205.2	811.5	582.5	429.7

주 1) 무(신선, 냉장) HS코드 0706901000의 실적임
  2) 평년은 2019~2023년의 최대, 최소를 제외한 평균임
자료: 관세청

○ 공급 동향
- 2024년 무 총공급량은 2023년 및 평년 대비 각각 13.3%, 12.2% 감소한 105만 2천 톤 내외로 추정됨
  · 2024년 기준으로 김치를 포함한 무 수입량에서 수출량을 제외한 순수입량이 2023년 및 평년 대비 크게 증가하였으나, 고온, 잦은 비 등의 기상 악화로 국내 무 생산량이 2023년 및 평년 대비 줄면서 공급량은 감소하였음
- 2024년 무 자급률은 김치를 포함한 수입량 증가 영향으로 2023년 보다 2.4%p 감소한 93.9%임
  · 2024년은 무 가격 상승과 7월부터 시행된 할당관세 등의 영향으로 수입량이 늘면서 자급률이 2023년 및 평년 대비 낮아졌음
- 2024년 무 1인당 공급량은 국내 무 공급량 감소 영향으로 2023년 및 평년 대비 각각 13.3%. 12.2% 감소한 20.3kg으로 추정됨

<무 공급 동향>

(단위: 천 톤)

구분	총공급량 (A+B)	국내 생산량 (A)	순 수입량(B)			자급률 (%)	1인당 공급량(kg)
				수입량	수출량		
2024	1052	988	64	68	3	93.9	20.3
2023	1213	1167	45	52	6	96.3	23.4
평년	1198	1151	47	52	5	96.1	23.1
전년 대비(%)	-13.3	-15.4	41.8	30.6	-47.5	-2.4	-13.3
평년 대비(%)	-12.2	-14.2	36.6	31.0	-26.0	-2.2	-12.2

주 1) 수입량은 무 수입량과 김치를 무로 환산한 수입량을 포함한 것으로, 환산계수는 0.18임
    순수입량은 수입량과 수출량의 차이를 의미함
  2) 자급률=국내 생산량/총 공급량, 자급률의 전년 및 평년 대비 증감률은 %p를 의미함
  3) 1인당 공급량=총 공급량/인구수
  4) 평년은 2019~2023년의 최대, 최소를 제외한 평균임
자료: 통계청, 관세청, 농업관측센터

○ 소비 동향
- 가구 소비자 구매 행태를 알아보기 위한 소매유통업체 판매 자료 (이하 POS 데이터)* 분석결과, 2019년부터 2024년까지 무** 오프라인 판매량은 연평균 7.3% 감소하였음

* 한국농촌경제연구원 식량경제연구본부 식품경제연구실은 '2024년 소비정보분석사업'의 일환으로 국내 주요 소매 유통업체의 판매 데이터수집과 소규모 업체 대상 표본조사를 통해 POS(Point-of-Sales) 데이터를 제공하고 있음. 판매액과 판매량 등의 POS 데이터는 오프라인과 온라인 유통채널로 구분되며, 오프라인은 전국 광역시·도 대형마트, 체인슈퍼, 조합마트, 편의점, 개인마트, 온라인은 대형마트의 판매데이터를 포함함.
** POS 데이터 상 무는 일반무 이외에 열무, 총각무 등의 기타무와 절단무가 포함됨

· 2024년 무 판매량은 2023년 및 평년 대비 각각 13.8%, 20.1% 감소하였음

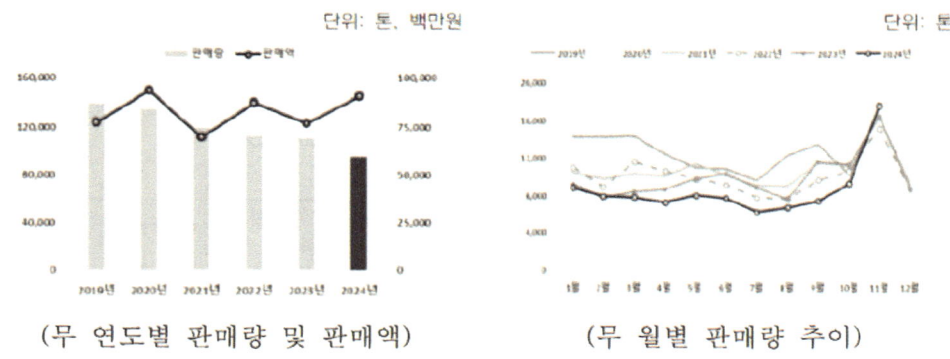

(무 연도별 판매량 및 판매액)   (무 월별 판매량 추이)

〈무 연도·월별 판매량 변화〉

주: 평년은 2019~2023년의 최대, 최소를 제외한 평균임
자료: 한국농촌경제연구원

· 농업관측센터 소비자 패널 조사 결과에서도 응답 가구 중 18.3%가 무 소비량을 전년 대비 줄였고, 소비량 감소 이유는 '가격 상승(38.1%)', '가구원 수 감소(23.9%)', '식습관 변화(15.0%)' 순이었음
· 2024년 무 판매액은 2023년 및 평년 대비 각각 17.4%, 10.5% 증가하였고 2024년 무 판매량이 감소하였으나, 무 도·소매가격 상승 등의 영향으로 판매액은 상대적으로 늘었음
· 분석기간(2019~2024년) 무 오프라인 월별 판매량은 김장철(11월)에 가장 높게 나타났고, 여름 휴가철(7~9월) 판매량은 다른 시기보다 감소하였음
· 연도별로 월별 무 구매 패턴의 차이는 크지 않으나, 무 도·소매가격이 상대적으로 높은 연도(2022년, 2024년)의 무 판매량은 다른 연도에 비해 감소하였음

- 농업관측센터 소비자 패널 조사[1] 결과, 가구 소비자의 무 구매 주기는 '월 1회(39.3%)', '월 2회 이상(24.4%)', '2개월 1회(12.9%)' 순으로 나타났음
· 무를 구매할 경우, 구매 단위는 '1개(60.7%)', '2개(10.5%)' 순으로 1개를 구매하는 비중이 높게 나타났음
- 무 구매 시 고려 요소는 '모양과 색택(29.4%)', '크기와 무게(20.7%)', '가격(19.4%)' 순이었음
· 크기가 작은 것보단 큰 것을 선호하는 것으로 조사되었고, 포장 형태를 중요하게 생각하는 가구의 비중은 상대적으로 적게 나타났음

<가구 소비자의 구매 고려 요소>

(단위: %)

구분	모양과 색택	크고 무거움	가격	원산지	안전성 및 친환경	포장형태	작고 가벼움
무	29.4	20.7	19.4	16.2	8.7	4.2	1.4

자료: 농업관측센터

- 무 가격 상승 시 대체 품목은 '배추(17.0%)', '대체 없음(15.2%)', '오이(10.3%)', '양파(9.5%)', '양배추(7.7%)' 순이었음
· 김장을 대체할 수 있는 배추로 가장 대체가 많이 되었고, 요리 부식 재료(양파) 또는 식감이 비슷한 품목(오이)으로 대체되는 것으로 나타났음
- 무 구입처는 '백화점·대형마트(31.1%)', '도매·재래시장(29.1%)', '인근 슈퍼·상가(20.2%)' 순이었음

<가구 소비자의 무 구입처>

(단위: %)

구분	백화점· 대형마트	도매· 재래시장	인근슈퍼· 상가	로컬푸드 매장	지인 구매	직거래	인터넷 쇼핑몰	직접 재배
무	31.1	29.1	20.2	6.5	5.0	4.0	3.4	0.2

자료: 농업관측센터

---
[1] 한국농촌경제연구원 농업관측센터 소비자패널 526명 대상 온라인 설문조사 결과(2024.12.16~2024.12.20.)

○ 가격 동향
- 2024년 연평균 무 상품 20kg당 도매가격은 2023년 및 평년 대비 각각 41.7%, 51.0% 상승한 18,090원임
  · 겨울무 출하기(1~5월) 가격은 2023년 대비 1.0% 하락, 평년 대비 29.2% 상승한 13,210원이었음
  · 한파로 겨울무 동해가 발생했던 2023년 대비 소폭 하락하였으나, 2~3월 잦은비로 인해 2023년산 겨울무 품위 저하와 비상품 증가로 생산량이 감소하면서 평년보다 상승하였음
  · 봄무 출하기(6~7월) 가격은 2023년 및 평년 대비 각각 36.9%, 46.6% 상승한 16,290원이었음
  · 시설·노지봄무 재배면적이 모두 감소하였고, 생육기 가뭄 등으로 출하량이 줄면서 가격은 2023년 및 평년 대비 높게 형성되었음
  · 여름무 출하기(8~10월) 가격은 2023년 및 평년 대비 각각 58.9%, 49.2% 상승한 23,690원이었음
  · 8월 가뭄과 9~10월 유례없는 폭염이 지속되면서 여름무 생산량이 감소하였음
  · 또 봄무 생육 부진으로 대량수요처의 가공용 무 저장 작업이 원활하지 못하였고, 이에 따라 여름철 비축량이 부족하여 시장 수요가 늘면서 가격이 상승하였음
  · 가을무 출하기(11~12월) 가격은 2023년 및 평년 대비 각각 164.0%, 107.7% 상승한 23,690원이었음
  · 대량수요처의 무 비축량 부족이 지속되었고, 가을무 파종기 고온 등으로 결주가 늘어 출하 가능한 면적이 감소하면서 2023년 및 평년 대비 높은 가격 수준을 유지하였음
- 2023년 연평균 무 상품 20kg당 소매 가격은 2023년 및 평년 대비 각각 24.1%, 25.9% 상승한 25,400원이었음
  · 전반적인 무 생산량이 감소하면서 소매 가격도 2023년 및 평년 대비 상승하였으나, 농축산물 할인지원 행사 등의 영향으로 소매 가격 상승 폭은 제한적이었음

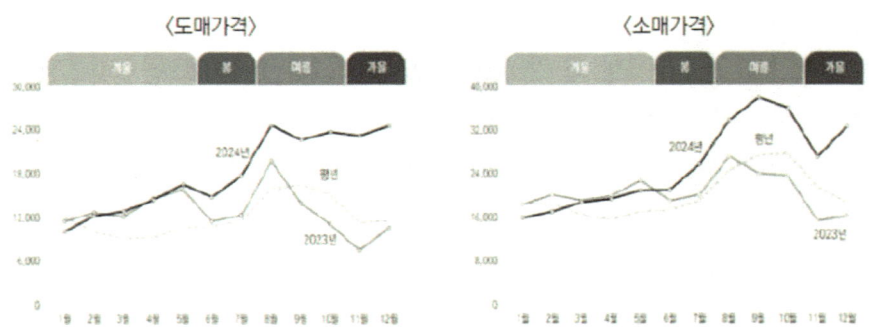

<무 월별 도·소매가격 동향>

주: 평년은 2019~2023년의 최대, 최소를 제외한 평균임
자료: 서울특별시농수산식품공사, 한국농수산식품유통공사

■ **수급 전망** (자료: 한국농촌경제연구원, 농업전망 2025)

○ 2025년 생산 전망

- 2025년 전체 봄무 생산량은 면적 비중이 큰 노지 봄무 생산량이 늘면서 2024년 및 평년 대비 각각 9.5%, 2.6% 증가한 9만 8천 톤 내외로 전망됨
- 2025년 시설봄무 생산량(평년 단수 적용)은 2024년 대비 19.1% 증가하나, 평년 대비 38.5% 감소한 3천 톤 내외로 전망됨
 · 2024년산 겨울무 생산량이 감소할 것으로 예상되면서 시설봄무 재배면적은 2024년보다 늘었으나, 겨울 저장무의 출하 장기화와 노지봄무 조기 출하의 영향으로 재배면적은 감소 추세를 보이고 있음
- 2025년 노지봄무 생산량(평년 단수 적용)은 2024년 및 평년 대비 각각 9.3%, 5.0% 증가한 9만 5천 톤 내외로 전망됨
 · 재배면적은 전년 및 평년 대비 각각 5.9%, 5.0% 증가한 862ha로 전망됨
 · 시설봄무와 마찬가지로 2024년산 겨울무 생산량 및 저장량이 감소할 것으로 예상되며, 여름철(7~8월) 저장 수요가 늘면서 재배면적이 증가하였음

- 파종기 무 가격과 파종 여건 등에 따라 재배면적은 변동될 수 있음

<2025년 봄무(일반무) 생산량 전망>

(단위: ha, kg/10a, 톤)

구분	시설			노지			전체	
	재배면적	단수	생산량	재배면적	단수	생산량	재배면적	생산량
2025	25	12,680	3,174	862	11,003	94,895	887	98,069
2024	21	12,695	2,666	814	10,671	86,860	835	89,526
평년	41	12,680	5,157	822	11,003	90,410	862	95,566
전년 대비(%)	19.2	-0.1	19.1	5.9	3.1	9.3	6.3	9.5
평년 대비(%)	-38.5	-	-38.5	5.0	-	5.0	2.9	2.6

주 1) 시설, 노지, 전체봄무는 기타무를 제외한 일반무만을 의미함
   2) 2025년은 농업관측센터 추정치임
   3) 평년은 2020~2024년의 최대, 최소를 제외한 평균임
자료: 통계청, 농업관측센터

- KREI-KASMO 모형 추정 결과, 2025년 여름무 생산량(평년 단수 적용)은 2024년 및 평년 대비 각각 19.2%, 7.0% 증가한 10만 8천 톤 내외로 전망됨
- 재배면적은 2024년 여름무 출하기(8~10월) 가격 상승과 타 작목에서 무로 작목 전환되면서 2024년 대비 3.6% 증가, 평년과 비슷한 2,740ha로 추정됨
- KREI-KASMO 모형 추정 결과, 2025년 가을무 생산량(평년 단수 적용)은 2024년 및 평년 대비 각각 21.3%, 6.1% 증가한 46만 6천 톤 내외로 전망됨
- 재배면적은 2024년 가을무 출하기(11~12월) 가격 상승 영향으로 전년 및 평년 대비 각각 16.1%, 6.1% 증가한 6,163ha로 추정됨
- 2025년 전체 무 생산량[2]은 2024년 및 평년 대비 각각 17.3%, 3.8% 증가한 115만 9천 톤 내외로 전망됨
- 2024년 무 가격 상승 등의 영향으로 모든 작형에서 면적이 증가하여, 재배면적은 2024년 및 평년 대비 각각 7.4%, 1.4% 증가한 2만 58ha로 추정됨

---

2) 2025년산 겨울무 생산량이 포함된 수치이며, 2025년산 겨울무의 경우 2025~2026년 사이에 출하되므로 2025년 생산 전망에서는 별도 언급하지 않음

○ 중장기 전망
- KREI-KASMO 모형 추정 결과, 무 전체 재배면적은 2025년 2만 58ha에서 2034년 1만 8,420ha로 연평균 0.9% 감소할 것으로 전망됨
  · 2025년의 경우, 2024년 대비 재배면적은 증가하나, 식습관 변화로 인한 무소비 감소, 주산지 수익성 높은 품목으로 작목 전환 등의 영향으로 재배면적은 중장기적으로 감소할 전망임
- 무 총공급량은 2025년 120만 9천 톤에서 2034년 112만 3천 톤으로 연평균 0.8% 감소할 전망임
  · 김치를 포함한 수입량이 늘면서 수입량에서 수출량을 제외한 순수입량이 증가하나, 재배면적 감소로 무 총공급량은 감소 추세를 보일 예정임
- 무 자급률은 2025년부터 2034년까지 95% 이상을 유지할 것으로 전망됨
  · 2024년 수입량이 늘면서 자급률이 95% 미만으로 떨어지나, 2025년부터 다시 무 자급률은 96% 수준으로 회복될 전망임
- 1인당 공급량은 2025년 23.4kg에서 2034년 22.1kg 감소할 전망임
  · 2024년 국내 생산량이 큰 폭으로 감소한 기저효과로, 2025년 1인당 공급량은 23.4kg으로 2024년 대비 증가하나, 이후 1인당 공급량은 점차 감소할 것으로 전망됨

<무 중장기 수급 전망>

구분		단위	2024	2025	2029	2034
재배면적		ha	18669	20058	19118	18420
총 공급량(A=B+C)		천 톤	1052	1209	1159	1123
	국내 생산량(B)	천 톤	988	1159	1106	1067
	순수입량(C=D-E)	천 톤	64	50	53	57
	수입량(D)	천 톤	68	55	58	62
	수출량(E)	천 톤	3	5	5	5
자급률(B/A)		%	93.9	95.9	95.4	95.0
1인당 공급량		kg	20.3	23.4	22.5	22.1

주: 1인당 공급량=총 공급량/인구수
자료: 통계청, 관세청, 농업관측센터, 한국농촌경제연구원(KREI-KASMO)

■ **노지 가을무 10a당 수익성** (자료: 2023년 농촌진흥청 농산물 소득 자료집)
  ○ 2023년도 노지 가을무 10a당 총수입은 2,563,446원으로 전년 대비 9.4% 감소
   - 수량이 5.8% 감소했고 가격이 3.5% 하락하여 총수입이 감소함
  ○ 10a당 경영비는 1,168,128원으로 전년 대비 8.7% 감소
  ○ 10a당 소득은 1,395,318원으로 전년 대비 10.0% 감소
   - 총수입은 감소액이 경영비 감소액보다 많아 소득이 감소함

<연도별 10a당 수익성 비교>

구 분	2019 (A)	2020 (B)	2021 (C)	2022 (D)	2023 (E)	대비(%) E/A	E/B	E/C	E/D
총수입(원)	2,965,824	2,346,947	2,478,377	2,830,632	2,563,446	86	109	103	91
수량(kg/10a)	5,188	6,168	5,771	6,540	6,162	119	99	107	94
단가(원/kg)	572	380	429	428	413	72	109	96	96
경영비(원)	1,134,614	1,117,386	1,041,120	1,279,838	1,168,128	103	105	112	91
생산비(원)	2,343,480	1,733,287	1,697,335	2,041,508	1,974,874	84	114	116	97
소 득(원)	1,831,210	1,229,561	1,437,257	1,550,794	1,395,318	76	113	97	90
순수익(원)	622,344	613,660	781,042	789,124	588,572	95	96	75	75

  ○ 2023년 가을무 10a당 생산비 중 투입요소 비중은 노동비(50.9%), 비료비(9.1%), 감가상각비(9.1%), 농약비(6.3%) 순이며 상위 4개 요소가 생산비의 75.4%를 차지함

<10a당 생산 요소별 생산비>

(단위: 원, %)

구분	종묘비	비료비	농약비	수도광열비	기타재료비	감가상각비	임차료	노동비	용역비	기타	계
2023 (A)	123,228 (6.1)	180,218 (9.1)	123,237 (6.3)	43,111 (2.2)	70,394 (3.6)	179,624 (9.1)	96,306 (4.9)	1,004,693 (50.9)	118,468 (6.0)	35,595 (1.8)	1,974,874 (100.0)
2022 (B)	123,689 (6.1)	200,913 (9.8)	91,060 (4.5)	60,975 (3.0)	86,241 (4.2)	186,464 (9.1)	114,532 (5.6)	1,013,779 (49.7)	106,616 (5.2)	57,239 (2.8)	2,041,508 (100.0)
증감 (A-B, %p)	-	-0.7	1.8	-0.8	-0.6	-	-0.7	1.2	0.8	-1.0	-

■ 노지 고랭지 무 10a당 수익성 (자료: 2023년 농촌진흥청 농산물 소득 자료집)
- 2023년도 노지 고랭지 무 10a당 총수입은 2,872,785원으로 전년 대비 17.1% 감소
 - 수량은 1.8% 감소하고 가격이 15.5% 하락하여 총수입이 감소함
- 10a당 경영비는 1,535,040원으로 전년 대비 7.0% 감소
- 10a당 소득은 1,337,746원으로 전년 대비 26.2% 감소
 - 총수입은 감소액이 경영비 감소액보다 많아 소득이 감소함

<연도별 10a당 수익성 비교>

구 분	2019 (A)	2020 (B)	2021 (C)	2022 (D)	2023 (E)	대비(%) E/A	E/B	E/C	E/D
총수입(원)	2,480,256	3,480,762	2,590,084	3,464,317	2,872,785	116	83	111	83
수량(kg/10a)	6,556	6,396	7,491	7,643	7,506	114	117	100	98
단가(원/kg)	378	544	346	453	383	101	70	111	84
경영비(원)	1,272,185	1,467,239	1,443,890	1,651,343	1,535,040	121	105	106	93
생산비(원)	2,036,751	2,080,772	2,229,293	2,371,380	2,330,953	114	112	105	98
소 득(원)	1,208,071	2,013,522	1,146,194	1,812,974	1,337,746	110	66	117	74
순수익(원)	443,504	1,399,990	360,791	1,092,937	541,832	122	39	150	50

- 2023년 노지 고랭지 무 10a당 생산비 중 투입요소 비중은 노동비(25.7%), 용역비(22.5%), 비료비(13.6%), 농약비(8.4%) 순이며 상위 4개 요소가 생산비의 70.2%를 차지함

<10a당 생산 요소별 생산비>

(단위: 원, %)

구분	종묘비	비료비	농약비	수도 광열비	기타 재료비	감가 상각비	임차료	노동비	용역비	기타	계
2023 (A)	135,804 (5.8)	316,144 (13.6)	196,629 (8.4)	30,345 (1.3)	111,856 (4.8)	149,140 (6.4)	155,071 (6.7)	599,242 (25.7)	523,570 (22.5)	113,152 (4.8)	2,330,953 (100.0)
2022 (B)	121,642 (5.1)	285,636 (12.0)	211,579 (8.9)	43,648 (1.8)	150,745 (6.4)	191,547 (8.1)	191,042 (8.1)	652,132 (27.5)	438,921 (18.5)	84,488 (3.6)	2,371,380 (100.0)
증감 (A-B, %p)	0.7	1.6	-0.5	-0.5	-1.6	-1.7	-1.4	-1.8	4.0	1.2	-

3. 주요작물 가격동향

기준일 2025. 7. 16.

☐ 가격 변동폭이 큰 품목 (전주·전월·전년 대비)

가격 상승 품목	가격 하락 품목
풋고추, 청양고추, 수박	호박

☐ 농산물 도매가격 동향 (증감률 110 이상, 90 이하)

	품목	기준단위	당일	전주	증감률	전월	증감률	전년	증감률	평년	비고
채소	배추	1포기	4,805	3,740	128	3,458	139	4,828	100	4,764	전체
	무	1개	2,451	2,033	121	2,611	94	2,517	97	2,084	
	양파	1kg	1,900	1,843	103	1,840	103	1,925	99	2,029	
	파	1kg	2,402	2,291	105	2,374	101	2,949	81	2,861	대파
	시금치	1kg	16,300	12,790	127	8,090	201	15,130	108	12,880	
	상추	1kg	12,480	11,900	105	9,130	137	17,920	70	16,410	적
	깻잎	1kg	27,020	25,540	106	24,320	111	23,150	117	21,260	
	호박	1개	1,046	1,404	75	1,212	86	1,450	72	1,375	조선애
	오이	10개	11,822	11,781	100	10,593	112	13,023	91	10,763	가시계통
	풋고추	1kg	19,260	16,790	115	16,890	114	16,170	119	14,870	
	청양고추	1kg	15,920	12,080	132	11,270	141	13,860	115	12,640	
	건고추	1kg	29,245	29,240	100	29,393	99	31,222	94	26,980	화건
	피망	1kg	13,990	16,800	83	15,890	88	10,650	131	10,880	
	파프리카	1kg	6,695	7,190	93	7,175	93	5,930	113	6,470	
	토마토	1kg	4,846	4,185	116	3,993	121	4,668	104	4,524	
	방울토마토	1kg	6,850	7,526	91	6,806	101	7,131	96	6,487	대추형
	멜론	1개	10,013	9,572	105	11,139	90	8,280	121	8,667	
	수박	1개	30,035	26,209	115	21,877	137	21,336	141	21,021	

품목		기준단위	당일	전주	증감률	전월	증감률	전년	증감률	평년	비고
과수	바나나	1kg	3,040	2,980	102	3,200	95	2,720	112	3,010	
	사과	10개	28,462	29,410	97	28,966	98	30,697	93	29,666	후지
	배	10개	40,000	39,263	102	40,024	100	78,520	51	42,213	신고
특작	버섯	느타리	2kg	17,040	16,120	106	16,220	105	20,600	83	20,820	
		새송이	2kg	10,260	10,700	96	11,180	92	11,220	91	11,180	
		팽이	1.5kg	5,530	5,230	106	5,580	99	5,490	101	5,300	
		표고	2kg	21,191	20,376	104	11,726	181	14,541	146	/	생
		양송이	2kg	18,694	14,910	125	21,128	88	19,308	97	/	
	수삼	10뿌리	31,000	31,000	100	31,000	97	32,000	91	/	
	6년근직삼	15편	51,600	51,600	100	51,600	100	49,200	105	/	
화훼	장미	1단	2,480	2,186	113	3,889	64	6,200	40	/	비탈
	백합	1단	9,380	4,328	217	8,927	105	3,571	263	/	시베리아
	호접란	1단	5,191	/		3,645	142	2,570	202	/	만천홍1.5대

* 자료: aTKamis, aT화훼공판장(장미, 백합, 호접란), 금산군청(수삼, 6년근직삼), 서울특별시농수산식품공사(표고, 양송이)
* 수삼, 6년근직삼: 당일 2025/7/7, 전주 2025/7/2, 전월 2025/6/7, 전년 2024/7/7 기준으로 함
* 호접란: 당일 2025/7/14, 전주 2025/7/7, 전월 2024/6/16, 전년 2024/7/15 기준으로 함

편집인 : 기술지원과장 이남수

편집기획 : 최상호, 김다인, 성진경, 김성규, 유군선, 박정운,
　　　　　　이동훈, 이승호, 김　준, 김소희, 김다인, 신동윤,
　　　　　　나예림, 유홍규, 장상현, 지수정

(연구결과 활용을 위한)
원예·특용작물 기술정보 (11)

초판 인쇄　2025년 10월 22일
초판 발행　2025년 10월 25일

저　자 농촌진흥청, 국립원예특작과학원
발행인 김갑용

발행처 진한엠앤비
주소 서울시 서대문구 독립문로 14길 66 205호(냉천동 260)
전화 02) 364 - 8491(대) / 팩스 02) 319 - 3537
홈페이지주소 http://www.jinhanbook.co.kr
등록번호 제25100-2016-000019호 (등록일자 : 1993년 05월 25일)
ⓒ2025 jinhan M&B INC, Printed in Korea

ISBN 979-11-290-6183-6   (93520)   [정가 14,000원]

☞ 이 책에 담긴 내용의 무단 전재 및 복제 행위를 금합니다.
☞ 잘못 만들어진 책자는 구입처에서 교환해 드립니다.
☞ 본 도서는 [공공데이터 제공 및 이용 활성화에 관한 법률]을 근거로 출판되었습니다.